本书由兰州大学祁连山研究院资助出版

兰州大学祁连山研究院
第二次青藏高原祁连山关键区
预科考记录

祁连行

WALKING IN
THE QILIAN MOUNTAINS

徐黎丽　韩静茹　著

社会科学文献出版社
SOCIAL SCIENCES ACADEMIC PRESS (CHINA)

《祁连行》编委会

目录

contents

序 言

建设生态文明是中华民族永续发展的千年大计。习近平总书记在致中国科学院青藏高原综合科学考察研究队的贺信中指出，“青藏高原是世界屋脊、亚洲水塔，是地球第三极，是我国重要的生态安全屏障、战略资源储备基地，是中华民族特色文化的重要保护地。开展这次科学考察研究，揭示青藏高原环境变化机理，优化生态安全屏障体系，对推动青藏高原可持续发展、推进国家生态文明建设、促进全球生态环境保护将产生十分重要的影响”。祁连山是青藏高原东北部的边缘山系，是第二次青藏高原科学考察总体规划设定的第四大区。它作为西北地区“山水林田湖草”系统复杂耦合的典型区和生物多样性保护的优先区域，是石羊河、黑河、疏勒河等六大内陆河和黄河支流大通河流域500多万人赖以生存的重要水源地。它的存在，构筑了我国西北地区重要的生态安全屏障。

近年来，祁连山生态环境保护问题引起了中央和地方的高度关注。习近平总书记对祁连山生态保护工作曾多次做出重要指示和批示，党中央、国务院审议通过了《祁连山国家公园体制试点方案》。甘肃省委、省政府高度重视和全面落实中央要求，深入研究和解决祁连山生态环境问题，制定了《祁连山保护区生态环境问题整改落实方案》，扎实推进祁连山生态环境保护工作。

服务“祁连山生态环境保护管理与可持续发展”，是兰州大学义不容辞的政治责任和学术责任，更是兰州大学“主动接受地方党委领导、主动服务地方经济社会发展”的使命担当。近年来，兰州大学发挥地学、生态学、草学、大气科学等学科优势，建立了祁连山生态环境监测网络体系，取得了一系列高水平的研究成果。2017 年 9 月，我曾带队深入祁连山国家级自然保护区腹地进行科学考察，详细了解了草原生态保护、三道湾等水电站日常运行以及生态放流等情况，考察了兰州大学寺大隆森林生态环境监测站。兰州大学的老师们带领着一批又一批学生在渺无人烟、海拔 3000 多米、自然条件差、交通不便、通信不畅的艰苦环境中，一待就是几个月，一心一意、心无旁骛地从事科学研究工作。他们扎根祁连山、奉献祁连山的奋斗精神深深地感染了我。

2018 年 1 月，兰州大学贯彻落实习近平总书记对祁连山生态环境问题的重要批示精神和致中国科学院青藏高原综合科学考察研究队的贺信精神，在学校前期工作的基础上，成立了“祁连山研究院”，并举办了“祁连山生态环境保护管理与可持续发展”高端论坛，旨在为解决祁连山生态系统保护与修复、水源涵养与生物多样性保育、生态保护长效机制创新等重大问题提供科学支撑，把祁连山生态环境保护相关问题的研究引入了一个新的阶段。

此次，兰州大学在参与第一次青藏高原科学考察的基础上，于 2018 年 5 月 4 日至 14 日展开了为期 11 天的第二次青藏高原祁连山关键区预科考。科考队员发扬伟大的学习精神、团结精神、拼搏精神、创新精神和宣传精神，行程3000多公里，4次穿越祁连山，对冰川、地层、草地、湖泊、森林、企业及少数民族文化进行了考察，正式推开了兰州大学祁连山考察与研究的大门，取得了以下成果。

第一，通过考察祁连山“山水林田湖草”的时空分布特征，探讨了气候变化和人类活动双重影响下的生态水文过程，初步评估了不同生态系统的水源涵养能力，提出了适应气候变化的祁连山资源合理利用和生态善治的调控任务，为祁连山“山水林田湖草”系统优化配置提供了完整可靠的科学依据和对策支撑。

第二，为下一步进行分队考察提供了交通及沿线相关单位的支撑。本次科考4次穿越祁连山，摸清了祁连山东西和南北通道的分布情况与道路状况；与兄弟单位在搭建联合观测平台、共同建设科研教学团队及教学实验基地等方面达成了合作意向。

第三，这是祁连山研究院成立以来的第一次科学考察，科考队员由来自兰州大学资源环境学院、草地农业科技学院、生命科学学院、历史文化学院、管理学院、经济学院6个学院8个一级学科的20余名教师组成，有效地整合了多学科的资源，实现了理、工、文、社等多学科的交叉，大家从不同的视角，采用不同的方法，共同研究问题并提出解决方案。

第四，通过中央媒体、省级媒体和学校媒体的紧密合作，在科考过程中，实现了全程跟踪报道。每到一处科考地点，科考队员就通过央视新闻、新闻直播间、甘肃新闻、兰州大学校园网等平台，将科考成果第一时间公之于众，彰显了科学精神，回应了社会各界的关注，取得了良好的反响。

短短11天的科考活动已经告一段落，本书是科考队员一路上所见所闻、所思所想的记录，也是此次科考的人文及科普记录，对进一步做好祁连山生态环境保护研究、推进祁连山国家公园建设、深度参与第二次青藏高原科学考察具有重要的启发意义，同时也奠定了良好的基础。

下一步，我们期待以祁连山各类科学问题和人文社科问题为导向的综合考察和分队考察活动的展开，期待各项目组成员分赴祁连山不同区域进行植被、河流、冰川、沙漠、气候、土壤、牧草、企业、少数民族及移民的科考与研究，并与泛第三极的科学考察、深入研究相结合，取得更加丰硕的成果，为祁连山生态修复和建设做出新贡献，进一步彰显兰州大学在国家战略中的重要作用，在服务地方需求中提出“兰大方案”、贡献“兰大智慧”。

是为序。

兰州大学党委书记

2018 年 6 月 24 日

2018年05月04日

1

第一天

冰山上的“来客”

祁连山，中国北方众多高耸入云的山脉之一，之所以没有被忘却，不仅因为它孕育的“山水林田湖草”资源适合人类的生存，更因为它具有连接北部蒙古高原与南部青藏高原、东部众多平原与西部沙漠戈壁绿洲的通道功能。“兵家必争之地”是对这条山脉及其相邻区域的最好描

图 1　兰州大学党委书记袁占亭教授出席科考授旗仪式并讲话

图 2　科考队队长，兰州大学祁连山研究院、资源环境学院院长勾晓华教授

图 3　科考队副队长，兰州大学祁连山研究院、资源环境学院副院长李育教授

图 4　车队与队旗

述。今天，当祁连山区生态重建成为甘肃省各级政府及民众的重大任务之时，坐落于甘肃省的兰州大学积极响应，继第一次青藏高原科学考察顺利完成后，“第二次青藏高原科学考察祁连山段综合考察”团队经过紧锣密鼓的准备，在祁连山研究院整装待发。

2018 年 5 月 4 日 8：00 左右，在这个青年人过节的早晨，兰州大学党委书记袁占亭教授将“第二次青藏高原科学考察祁连山段综合考察”的旗帜授予祁连山研究院院长勾晓华教授之后，由兰州大学 6 个学院 8 个一级学科的教师组成的综合科考队与中央电视台、甘肃广电总台一起，正式踏上了祁连山科考之旅。

接近中午，科考队来到了“东接永登县民乐、通远乡，南邻河桥镇，北连青海省互助县，西接青海省乐都区和甘肃省天祝县”的两省三县交界地带——连城镇。镇子虽然不大，却有十二连城之称。早在明洪武三年（1370年），连城就成为鲁土司衙门所在地，历经明、清、民国至今，留下鲁土司衙门旧址，内含妙因寺、显教寺、雷坛等古迹，被确定为全国重点文物保护单位，又于2007年被公布为中国历史文化名镇。但这个城镇的神奇绝不仅仅因为它拥有众多人文景观，还因为它是国家级自然保护区。保护区有核心区、缓冲区、实验区，有各类植物109科444属1397种，有哺乳动物5目12科24种，有鸟类9目21科64种，还有国家重点保护的野生动物32种。这里也是兰州大学资源环境学院的科研教学研究基地。当科考队来到这里，看到滔滔不绝的大通河水环绕巍巍祁连山的情景时，才真正意识到：祁连山科学考察开始了。

图5　大通河边的祁连山东段山脉

图6 已搬迁的连城铝厂宿舍

趁着午餐准备时间，我们来到大通河边，仰望被清澈河水映衬的祁连山东段山峰，再回头看看已经搬迁的连城铝厂宿舍，初步感受到了甘肃省人民政府治理祁连山的力度之大。与路边散步的连城铝厂退休职工交谈后得知，共有1万多人生活在连城，其中连城铝厂有1000多名职工。由于祁连山上的矿石已经被禁止开采，因此铝厂所用原料由外地供应。虽然成本增加了一些，但政府给予一定补贴后仍然可以继续生产。除铝厂职工以外，还有从事各类服务业的居民。这里水源丰富，物价、房价较低，空气质量并未因铝厂生产而下降，交通也因位于甘肃、青海两省交界处而四通八达，是个宜居之地。

图7 青海省互助县峡塘镇边的桥头村

快速用完午餐后，在勾晓华院长“列队完毕，向祁连进发”的号令下，车队按顺序第一次穿越祁连山东段山区。一路上“小桥、流水、人家”的景色，呈现给科考队员一幅人与自然和谐相处的画卷。

科考车队沿着流入黄河的湟水支流大通河经过甘肃省永登县和天祝藏族自治县后，进入青海省互助土族自治县。互助土族自治县辖8个镇、9个乡、2个民族乡，总人口为37万人（2011年），是全国唯一的土族自治县，土族人口约占全县总人口的17%，还有藏族、回族、蒙古族、撒拉族等，汉族人口最多。土族人在漫长的历史进程中形成了如五彩袖（土族妇女的袖子用红、黄、黑、绿、白等不同颜色拼成，恰似彩虹）、土族婚礼、轮子秋（类似秋千）、安昭舞等具有鲜明民族特色的文化，并被列入非物质文化遗产名录。进入南门峡镇后，我们看到只有一条街道的峡塘镇的居民在午休时间非常悠闲地打牌，便与他们攀谈起来。经过了解得知，全镇总面积为265.29平方公里，有1个居委会、14个村委会、52个自然村。汉族人口最多，藏族、土族、蒙古族、回族等少数民族人口占全镇总人口的30.8%。峡塘镇的主要景点有却藏寺和南门峡水库。

图8　峡塘镇悠闲的土族居民

经过南门峡镇不久，科考车队便进入大通河南门峡水库区域，这里的山逐渐增高，山的背阳坡面分布着青海云杉，河谷地带则分布着落叶林。河水清澈，但因深而不能见底。

图 9　青海互助县境内的大通河南门峡水库区域景色

图 10　进入祁连雪山

渐渐地，绿水环绕青山的景色被上升的雪山所代替，空气也由清凉变得寒冷起来。因为海拔不断升高，感觉季节又从春末变回严冬。经过 1 个多小时的车程后，我们在 1 号车的带领下，停在了宁缠河冰川的前面。

图 11　宁缠河冰川自然景观

兰州大学资源环境学院的耿豪鹏副教授是科考第一天的主持。他在总结中国科学院姚檀栋院士关于地貌过程野外观测站数据和兰州大学潘保田教授关于气象观测网络数据的基础上讲述道，祁连山共有现代冰川1973 平方公里，冰储量达 954 亿立方米，宁缠河冰川共有 6 条，其中宁缠河 1 号冰川花杆观测结果表明冰川变化明显。另据冰川编目与冰川遥感结果对比，发现 1972 年至今包括宁缠河冰川在内的冷龙岭地区冰川面积退缩约 30%。冰川厚度平均减薄 18 米，雪线升高约 200 米，目前雪线至 4700 米左右，宁缠河 1 号冰川的积累区已经消失，预示着该冰川面临较为强烈的退缩。

图 12　宁缠河冰川科考图

从他的讲述中我们得知，宁缠河冰川作为石羊河最大支流西营河的源头之一，在 1 万年的时间内从沟底上升到现在的位置。如今的山坡已经变成藏族牧民的夏季牧场，也有一两户回族居民与藏族居民一样以放牧为生，河谷地带则分散地居住着汉族居民，除此之外还有采矿人。祁连山生态重建工作加大力度后，矿区已经停止开采，采矿人便陆续迁出。这是本次科考队员第一次近距离观察祁连山环境恶化的场景，也对不同民众在不同海拔区域为适应自然环境而采取不同生计方式的观点有所印证。

第二次青藏高原科学考察祁连山-阿尔金山段（2018年5月4日西营河流域）

- 西营河是石羊河径流量最大(3.2 m^3/s，91.9mm/a)的一个支流，跨越甘青两省，北看河西走廊、南侧为大通河、西临东大河、东临金塔河。西营河由4条一级支流(宁缠河、水管河、响水河和土塔河)组成，其中干流宁缠河则由3条主要的二级支流(青羊河、驼骆河和龙潭河)组成。
- 2000 - 2600m主要为干旱与半干旱的草原；2600m以上主要为高山/亚高山草甸；上林线高度约3400m，森林主要分布在2600 - 3400m间的阴坡，以高山杜鹃为主的灌丛植物生长在林线以上，并且在部分区域接替高山草甸成为主要的建群植物；超过3800m之后地表开始裸露基岩。
- 潘保田教授课题组在西营河围绕地貌演化与水系发育、构造-气候相互作用与地表侵蚀、现代冰川与第四纪冰川等开展的了近20年的研究(1998年开始河流阶地研究，2006年依托姚檀栋院士的973课题增加了气象观测与地表侵蚀研究，2010年依托寒旱所基础专项增加冰川观测)
- 祁连山共有现代冰川1973km^2，冰储量954亿立方米(1981年第一次冰川 编目，施先生组织)。近几十年来冰川退缩速率较快，比如东段冷龙岭地区（最高峰5254m），1972-2013年，冰川面积退缩约30%。冰川厚度平均减薄18m。并且有逐渐加速的趋势。宁缠河有6条冰川，水管河有4条冰川。变电站就位于末次冰期侧碛垄之上，末次冰期雪线大约为3900-4000m(王杰)。
- 2010年起潘保田课题组在冰川表面布设花杆(宁缠1 #与水管4#)，以观测冰川的运动特征与物质平衡。发现近几年，ELA大约在4700m，相较于1970s上升了约200m（曹泊）。现代雪线如此之高意味着祁连山大部分冰川只有很小的积累区，甚至有些冰川全部处于消融区（如宁缠1#冰川），预示着祁连山冰川将会面临着较为强烈的退缩。
- 观云楼龟背条痕石(李先生取名)取自3#冰川，科学馆擦痕石是周尚哲取自黄河源阿尼玛卿。
- 海源断裂穿冷龙岭至六盘山，皇城-塔尔庄断裂过桦尖；水库之下为康宁桥断裂。二郎山掌山顶面为4200米，百花掌主夷平面3200米，2700米附近为一级剥蚀面（潘保田与李炳元）。
- 晚新生代以来剥蚀速率为0.11mm/a(潘保田)；第四纪以来河流下切速率0.09-0.25mm/a(高红山)；晚第四纪下切速率有所增加0.32-0.62mm/a(胡小飞)；现代尺度(50年)水文站泥沙记录的流域平均侵蚀速率与核素示踪法估算的坡面侵蚀速率均为0.1mm/a(耿豪鹏)。
- 具有灾害性质的侵蚀过程观测与预报是祁连山生态修复的关键，也是国家地质公园的标配。

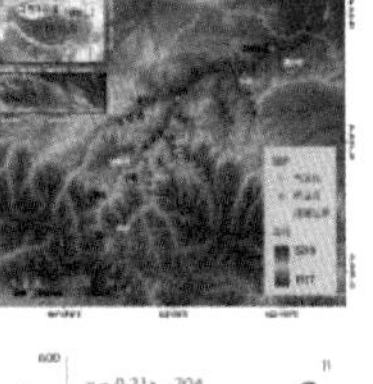

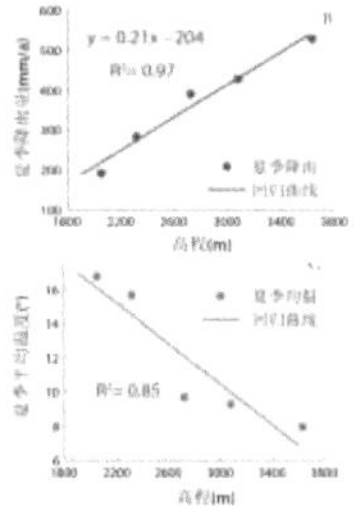

兰州-三角城　宁缠垭豁　上池沟　宁缠林场　桦尖　西营水库　武威市

0　312　41.7　64.5　总距离　75　96　122　167

图 13　耿豪鹏副教授讲解冰川知识以及兰州大学宁缠河冰川学术成果

图 14　学者、学子们在寒冷的冰川中取土样、观察地表植物分布

其他的学者、学子在耿豪鹏副教授录制节目时便立刻投入各自的取样研究当中。如兰州大学生命科学学院的教授以及博士、硕士研究生就地挖土取样，植物学科学者也在草地上分辨不同物种，人文学科的学者们自然就成为学习和拍摄的主力。

天色渐暗，科考队员不得不离开宁缠河冰川，沿冰川所在的西营河向西北方向穿越祁连山后前往武威。由于道路为沙石路，且多处受雪水和降雨影响而形成积水，因此车行缓慢且颠簸，但也给科考队员提供了观察河谷地带地形与植被的机会。不久夜色来袭，学者、学子们在无法观察河谷地带自然环境的情况下启动了步话机学术讨论模式。不同学科的学者针对冰川提出了不同的问题，被提问的学者则应答讨论，文理交流，理工讨论，直到进入武威。兰州大学在宁缠河冰川区域多年来的研究表明，宁缠河冰川在枯水季节为石羊河补充了必要的冰雪融水，但冰雪融水本身就是冰川后退的结果。

2018年
05月
05日
2

第二天

地之层与河之尾

经过一夜休整，体力恢复。清晨，站在武威的街道边，望着整洁的楼宇，看着三两行人和车辆，史书上记载的张骞经过这里去西域、栗特商人曾在名为姑藏的武威囤货、阔端在凉州（今武威）会谈以及战乱时期中原汉人以武威为中转向河西走廊迁徙等历史画面在脑海里回旋掠过。这个坐落在祁连山东段、依靠石羊河灌溉的历史名城，已变迁为一座现代化的中等城市。

图 1　整洁、宁静的武威清晨

图 2　武威绿洲

离开武威市区后，车队穿梭在由石羊河支流红水河灌溉的武威绿洲中。一路上绿苗遍地，绿树环绕，春意盎然。

图 3　红水河

红水河，由地下水流出地面形成的河，是石羊河的支流，武威人称其为红水河，民勤人叫它洪水河。红水河地处腾格里沙漠边缘，河岸以东有长约70公里的沙漠，风沙严重威胁着民调渠安全和沿线群众的生存与发展。因此，治沙就成为当地政府和民众的中心任务。2013~2014年，市、区两级283个单位的2.34万名干部职工在红水河流域完成人工造林11.18万亩，其中采取“麦草沙障+梭梭”的治沙模式完成治沙造林7.34万亩，河床及河岸栽植皇冠梨、红枣等特色林果2.02万亩，营造新疆杨、红柳、毛条等生态林1.82万亩，荣生路高标准通道绿化65.1公里。如今一道防风固沙屏障正在红水河东岸延伸。

沿着红水河，我们来到了兰州大学资源环境学院副院长李育教授的河床观测点。这是他长期研究和带学生实习的一个观测点。李育教授给我们上了一堂现场科普课。

图4　兰州大学资源环境学院副院长李育教授讲解红水河地层构造

在高出河床 2 米左右的河岸剖面中，首先映入我们眼帘的是一层深灰色的沉积物，这就是湖相沉积层。从沉积层的变化中可以看出该时期水流逐渐减弱，蒸发量较前期有所增大，气候趋于干旱，形成了适宜生物生长的有机质堆积的静水环境。湖泊沉积层的主要成分是水体周边的地表土壤或其他受风化侵蚀的碎屑；湖相沉积层的下面则是河流相沉积层，主要成分是河流砂。形成该沉积层时期，气候较为湿润，这为生物生存及有机质缓慢堆积创造了条件。湖泊沉积层的上面则是风成沉积物层，该层形成时期蒸发量非常大，气候干燥，导致河流基本干涸。通过科学仪器分析，河床剖面中河湖沉积层的时间为距今 7000 年到 4000 年。最上面的风成沉积物层则是近 4000 年来不断堆积的结果。

图 5　红水河河湖沉积层

听完李育教授的讲解后得知，4000 年前这里曾经是广阔的水面。4000 年以后的今天，这里却成为沙漠的边缘地带。这不由得让人感慨，沧海变桑田、桑田变沙漠是时空不断变化的结果，渺小的人类个体存在

图 6　红崖山水库

图 7　兰州大学资源环境学院颉耀文教授讲解红崖山水库变迁

只是一瞬间，这片区域中的土地、河流却是千万年来的见证。因此，在大自然面前人类永远是幼童，其生存的前提与条件是顺应自然。

红水河最终流进了民勤连古城国家级自然保护区的红崖山水库。经兰州大学资源环境学院颉耀文教授讲解后得知，红崖山水库海拔 1750

米，相对高度350米，因西面依“山色赤红”的红崖山而建，其他三面都是人工所筑，故名“红崖山水库”。这座水库于1958年修建，面积为30平方公里，设计库容1.27亿立方米，是亚洲最大的沙漠水库，被当地民众誉为“瀚海明珠”。虽然我们观测时为枯水季节，水面下降了许多，但可以想象丰水季节时蓝水红山的美丽景象。

民勤连古城国家级自然保护区位于甘肃省民勤县的荒漠区域内，其东北部被腾格里沙漠包围，西北部有巴丹吉林沙漠环绕，它从北、西、南三面保护着民勤绿洲。2002年7月经国务院批准晋升为国家级自然保护区。保护区以保护荒漠天然植被群落、珍稀濒危动植物、古人类文化遗址和极端脆弱的荒漠生态系统为主要对象，是中国目前面积最大的荒漠生态类型国家级自然保护区。

随后我们又跟随颉耀文教授来到了红沙堡城址。红沙堡城址位于民勤县新河乡泉水村东北500米处，是一座自汉代以来屡建屡毁的土筑古

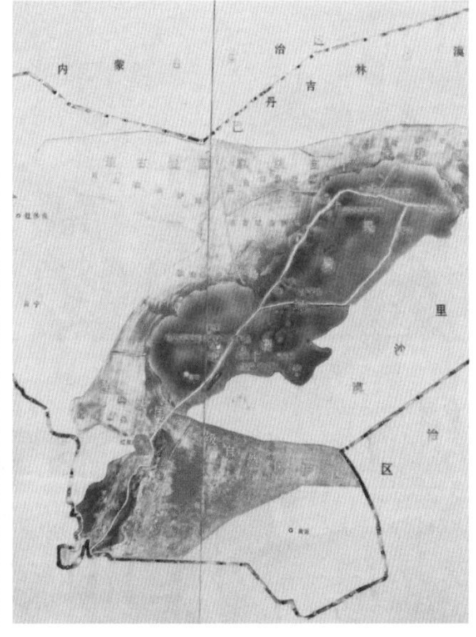

图8　民勤连古城国家级自然保护区标志及地图

城，现在留下的城址则属明代。红沙堡古城分内城和外城，内城为汉代建筑，平面呈长方形，长250米、宽160米，面积为40000平方米。城墙夯土版筑，高15米，基宽6米、顶宽2米，夯层厚0.08~0.1米。南面开门，门宽10米，门外有瓮城。瓮城呈方形，边长63米，墙基宽4米、高7米。明万历九年（1581年）在瓮城东、西两侧筑围墙，并利用内城南墙构成外城，平面呈长方形，南北长180米、东西宽160米，面积为28800平

图9　科考队员在红沙堡城址

图10　红沙堡城址

方米。城墙夯筑，基宽 4 米、高 12 米，夯层厚 0.1~0.2 米。城内外有汉代灰陶片、五铢钱、石磨以及明代黑、褐、白釉瓷碗和罐等残片。经过颉耀文教授的讲解，我们对这一古城的历史沿革和地理方位有了进一步了解。

这里地处沙漠边缘，只有极其耐旱的木质化程度较高的植物才能生存下来。

图 11　红沙堡城址附近植被情况

走过古城址，车队便向石羊河下游的青土湖驶去。一路上的民居大门让我们联想到新疆的民居，因为从外观上看，还真有几分相似之处。这或许与沙漠绿洲中的居民在长期抗沙过程中所形成的传统居住知识体系有关。与内地门楼相似的民居的大门时不时地出现，仿佛在提醒我们这里是平原农人与绿洲农人交错居住之地。

图 12　青土湖沿线民居

水资源缺乏使这里的供水站显得尤其重要。灌溉、家用均靠供水站。

图 13　青土湖区供水站

随后，科考队来到了石羊河下游的青土湖。我们下车察看后不禁有些失落。所谓的青土湖，只是被地形分割成的大小不等的水面，有些已经干涸，白花花的盐碱覆盖在地面上。经兰州大学资源环境学院张宝庆教授解读后得知，青土湖为石羊河流域的尾河。早在20世纪初期，青土湖的面积大约为120平方公里，用“芦苇丛生、碧波荡漾、野鸭成群、游鱼无数”来描述当时的青土湖恰如其分。到20世纪40年代末，青土湖水域面积减少至70平方公里。到1959年，青土湖完全干涸。2003年以后，从中央到地方推进实施外调生态用水补偿、限制开采地下水、

图14　久违的青土湖

生态移民搬迁及用水结构调整等措施，到 2010 年，干涸 51 年之久的青土湖形成了 22.36 平方公里的人工季节性水面，北部湖区则形成了 70 平方公里左右的地下水埋深小于 3 米的浅埋区，干旱区湿地逐渐形成，湖区生态环境向好发展。

如今当地民众仍然坚持对青土湖周边环境进行治理。他们种植了名叫“梭梭”的沙漠植物，并取得了良好的防沙效果。从温家宝总理前来考察时建立的纪念塔上放眼望去，人工种植的梭梭与自然生长的白刺错落分布，遍布青土湖区。

图 15　青土湖周边自然景观

回来的路上，仍然是梭梭和白刺等植物与我们同行。当问及勾晓华队长时，她说这全都是民勤人民人工种植的结果。我们不禁感叹民勤人民的勤奋是在沙漠的艰苦条件下迸发出来的勤奋。

回到驻地后，从科考队的微信群中看到甘肃广电总台电视新闻中心杨柱周主任发给大家的青土湖照片时，才意识到青土湖的美深藏在芦苇深处，也藏在能够欣赏它的人心中。因为美在心中，所以能发现美、创造美。

考察完青土湖后，我们对整个石羊河流域的自然环境有了一个整体性的认识。这条河流，虽然不如黄河、长江那样波澜壮阔，却养育了 220 多万人。青土湖的上游冰川后退、中游人口过多、下游水枯，生存于这条河流区域的人们在与自然资源之间的矛盾无法缓解的情况下，只有节约利用水资源、尽力恢复生态系统，才能达到可持续生存与发展的目标。

图 16　杨柱周主任眼中的青土湖

2018年
05月
06日
3

第三天

草中苜蓿与林中云杉

民勤夜宿后的清晨，也就是科考第三天，队员们吃到了民勤传统早餐——麻花泡粥、臊子面。面条因碱性大而呈黄色，吃后对胃有很好的保护作用；麻花泡在由多种米熬制的粥中，脆与绵相结合，令人回味无穷。

图 1　民勤传统早餐

科考队成员崔霞博士的父亲听闻科考队在民勤有科考任务后，特意从兰州返回家乡帮助科考队联系吃住事宜，我们便与他聊起了民勤人的生活。他说，民勤绿洲这几年曾种过棉花，但品质不如新疆的好，后又改种洋葱，曾经有几年洋葱销售价格比较高，但因施用农药过量且种植洋葱农户太多而卖不出好价钱只好作罢。现在主要种植小麦和西瓜。民勤县里的夜市因县城建设而搬迁，早市则以周边村庄的村民卖菜为主，主要分布在县城周边的几条街道上。民勤人的语言虽也是汉语，但与邻近的武威、阿拉善的方言均有不同之处。有人说民勤人也是从内地迁入这里生活的汉族人，他们在民国时期曾因不愿意为马仲英开城门而遭屠城，可见其刚烈品质。现在的民勤人则知书达礼，平静安稳地生活在这里。这一性格特征我们从崔霞父亲的身上就可以看出。他为了我们的科考，专门从兰州回到民勤，一直坚持要请科考队员吃一顿饭，以尽地主

图 2　受人尊敬的崔霞博士的父亲

之宜。但勾晓华队长坚持由科考队自己付账，他便将自己珍藏的酒拿出来请大家喝。这样的民勤大哥，值得我们用镜头留下记忆。

图 3　宽阔的民勤大街

告别了留在民勤的崔霞父亲，科考队继续踏上去金昌的路程。因为途经的地方均是绿洲，交通条件比较好，因此两个小时后，车队便到达了位于金昌市新城子镇的刘克庄村。

图 4　从武威到金昌的绿洲

这里是兰州大学草地农业科技学院李春杰教授的研究点。李春杰教授邀请了承包该村土地种植苜蓿的老板给大家做讲解，并回答不同学科学者的问题。

图 5　金昌市新城子镇刘克庄村的苜蓿地

图 6　承包苜蓿地的老板为科考队员讲述苜蓿长势

从承包苜蓿地的老板口中得知，刘克庄村自 2012 年起就将 11000 亩土地转租给他种植苜蓿。该村共有 1700 多人，分为 7 个小组。因土地转租和年轻人进城打工，全村留下的只有 200 多人，且多为留守老人。这些老人在苜蓿收割之时便被转租公司雇用，每人每天收入 80 元。

苜蓿自种植后的第 3~6 年是产量比较高的年份，但这里的苜蓿已经种植了 7 个年头，因而从长势上看，比较稀疏、矮小。为了保证苜蓿的产量和品质，第 8 年后就必须重新翻种，因此李春杰教授培育的苜蓿种子至关重要。

离开了李春杰教授做研究的苜蓿地，我们继续沿着绿树成荫的道路向西行驶。但无论我们如何努力，都拍不出甘肃广电总台电视新闻中心杨柱周主任所拍摄的那些画面。

图 7　杨柱周主任拍摄的苜蓿地中间的林荫大道

下午我们在甘肃省祁连山水源涵养林研究院刘贤德院长的陪同下，前往地处祁连山谷的排露沟。进入林区后，最先看到的是一处传统建筑风格的拦水坝。

图 8　排露沟拦水坝

越往沟里走，空气就越凉，沟里的河水尚未完全解冻。但因季节已近春末，冰雪逐渐融化也是自然规律。

图 9　大野口解冻的河流

车行十几分钟后，在背山向沟处，出现了一处白色院落，这就是我们今天的科考目的地——甘肃省祁连山森林生态系统国家定位观测研究站。

图 10　甘肃省祁连山森林生态系统国家定位观测研究站

走近大门，醒目的“甘肃省祁连山水源涵养林研究院”和“甘肃祁连山森林生态系统国家定位观测研究站”两块牌子分挂左右。宁静的山水见证着它们的存在。

图 11　甘肃省祁连山水源涵养林研究院和甘肃祁连山森林生态系统国家定位观测研究站

进入研究站院内，一口水井引起了我们的注意。这是研究站研究

图 12　研究站使用的传统水井

图 13　各类示范单位牌匾

图 14　守在深山的科学家和他们的工作区域

人员的生活水源。平时用水，就用桶从井中打水，不用时则将井盖盖好，以防沙尘吹进。目前这种传统的水井已越来越少，但这里的科研人员仍能在用水并不便利的条件下坚持科学研究实践，很令人尊敬。进入他们的办公区域，看到墙上有众多示范与合作单位的牌匾，这说明他们的工作也是卓有成效的。

走进办公区域，才发现研究站在只有 13 名科研人员的情况下，仍能将祁连山水源涵养和森林监测数据源源不断地传输到有需要的部门。科研人员中多数为年轻人，他们不仅要“坐冷板凳”，而且要爬深山，更要守得住这里的寂寞和孤独。他们和兰州大学的理工学科学者一样，总是在人烟稀少的区域工作。从这一点来讲，他们比我们这些人文社科学者更辛苦，产出的科研成果也更加不容易。

研究站的对面就是一个高筑的水库。我们借用媒体工作者用无人机拍摄的水库全景图，来展示这个水库所在区域的地形地貌。从图中来看，水库的地形地貌可谓“高峡出平湖”。

图 15　大野口水库

参观完研究站后，我们乘车来到了涵养水源的森林区域。由于坡陡路险，越野车好几次差点熄火，但最终还是成功地停靠在森林的下限区域。我们跟随勾晓华院长和刘贤德院长走进久违的森林中。

图 16　水源涵养林地

图 17　大树和小树

走进森林后，空气变得清凉，青海云杉散发的阵阵香气扑面而来，脚下全是松软的苔藓，走上去绵软而不滑腻，人的精神也立刻放松下来。

图 18　勾晓华院长和刘贤德院长讲述青海云杉和水源涵养的故事

走进林区的观测场，勾晓华院长和刘贤德院长分别从森林及其水源涵养功能两方面为我们现场讲解了祁连山黑河流域上游的生态植被知识。“整存零取，消洪补枯”是刘贤德院长对这里的森林对水源涵养的总结。勾晓华院长从对青海云杉的树轮分析中得出的结论是：近 300 年来，祁连山的降水量逐渐增加，森林上限与下限均有扩展，树木的生长率也在上升。这使我们对祁连山的生态环境恢复有了更大的信心。

图 19　青年才俊偶遇地震仍讨论问题

就在勾晓华院长和刘贤德院长讲解之时，坐在地上休息的科考队员突然感到地震，用手机查看后才得知青海玉树发生了 5 级以上的地震。但队员们仍然坐在松软的苔藓上，继续讨论水源与森林的关系。

回到张掖住宿后，我们不禁回忆起近几年在黑河下游的弱水和额济纳旗调研少数民族情况时对这一流域水环境的了解。2017 年 4 月，我们曾经来到黑河下游的尾湖居延泽考察，开车在居延泽周边人工沼泽行驶的半个小时中，多次遇见骆驼在沼泽中吃草。

图 20　居延泽中的骆驼

在一眼望不到边的人工湖中，因水面大、水温较高，蚊子、小昆虫、各种鸟都聚集于此觅食。

图 21　居延泽中心的人工湖

图 22 清澈的额济纳河

流经额济纳旗的额济纳河在这样的枯水季节仍有较宽的水面，流经酒泉卫星发射基地的弱水（黑河流经此地的名称）也有较宽的河面且河水清澈。

对照此次科考经过的黑河中上游水量，感觉黑河流域比石羊河流域的生态条件要好一些，又查阅了近年来黑河流域人口状况后，发现甘肃境内的黑河流域人口为 260 万人左右，比石羊河流域的 220 万人多 40 万人。但黑河是否能够承载更多的人口和产业，则是摆在黑河流域各级政府和民众面前比较严峻的问题。

2018年
05月
07日
4

第四天

种子与小草

由于此次科考不仅仅是理工科的科考，还是理工与社科交融的科考，因此在兰州大学管理学院吴建祖老师的倡议下，勾晓华院长与当地企业积极联系后，科考队走进了张掖的种子公司。之所以选择种子公司，是因为全国 60% 的玉米育种企业分布在张掖。金源种业就是我们此行的第一家企业。

图 1　金源种业的郝总讲述张掖玉米种子公司概况

根据金源种业郝总的讲述，公司位于张掖市张火公路西侧1公里处，是2000年注册成立的民营科技企业，注册资金为518万元。该公司是以张掖地区农科所高粱科研组科技人员为主，按照“自筹资金、自愿组合、自主经营、自负盈亏、自我约束、自我发展”的经营机制和“以人为本、信誉至上”的宗旨创办的种子科技开发企业。公司集科研、生产、加工和科技服务于一体，实行董事会领导下的总经理负责制，现有技术人员31人，其中高级职称2人、中级职称15人、技术人员14人，下设5个部门——科研部、生产部、办公室、营销部、财务室。公司主要经营玉米杂交种子，现有1万多亩育种土地。由于此时正值玉米

图2 金源种业的厂房设备与不同型号的玉米种子

播种季节，厂房空旷，但我们仍然可以从设备和堆放的种子中看出该公司的实力。

参观完玉米育种公司，我们为甘肃作为全国玉米育种基地而感到自豪，同时也为黑河的水资源承载能力而感到忧虑。

科考的下一站是由兰州大学草地农业科技学院李春杰教授主持的草业科考专场。在去往历史悠久的草业基地的路途中，我们又看到了与民勤和新疆南疆民居元素混合的民居样式，这再次说明河西走廊文化的多样性。

图 3　似曾相识的民居

车队行进时路过以小枣闻名的临泽县。在国家住房和城乡建设部公布的《2011 年国家园林城市、县城和城镇命名名单》中，这个自古以来邻近沼泽的县城出现在 31 个“国家园林县城”的行列。从路过县城的街区来看，县城如同在园林之中。

图 4　园林临泽

终于，车队在一个传统建筑群的院落前停了下来。门楼上“道法自然　日新又新”的题词再次让科考队员感受到“自然而然”的大道至简的深刻内涵。问过李春杰教授后才知道，这是任继周院士的题词。大门左右两侧分别挂着“草地农业生态系统国家重点实验室定位研究站”和“兰州大学内陆干旱区草地农业试验站”两块牌子。队员们参观完科研人员的实验、办公和住宿区域后便马不停蹄地向试验地走去。

图 5　草地农业生态系统国家重点实验室定位研究站和兰州大学内陆干旱区草地农业试验站

在前往试验地的途中，我们看到右侧沙枣树与左侧白杨树分别保护着试验草地。封育后的试验地，草场一望无际。听李春杰教授说，早在 20 世纪 70 年代，任继周院士就为草科院买下了这片 4000 亩的试验田，可见他是一位多么有远见的科学家。今天当人多地少成为张掖的突出问题时，这珍贵的 4000 亩土地不仅是兰州大学科学研究的试验地，更是草地农牧业试验的基础。

图 6　科考队员前往试验地的路上

经兰州大学科研处副处长、生命科学学院赵长明教授讲解后得知，这里的牧草类型介于新疆和内地之间，是个过渡带。这让我们再次回忆起沿途看到的河西走廊文化也属于过渡性的多元混合类型。比如山丹县城，既有佛教寺院，也有清真寺，还有一座天主教堂。不同信仰的人多元共存。

图 7　赵长明教授讲述临泽牧草的过渡性

在此，特别要提及李春杰教授。在考察过程中，李春杰教授特意邀请试验站的科研人员为我们做讲解。在金昌市新城子镇刘克庄村时，他也是将种植苜蓿的老板推在前面，让不同学科的队员能够充分交流、讨论，而他却默默地站在背后支持大家。这种优秀的学术品质是我们永远学习的榜样。

图 8 默默地支持科考工作的李春杰教授（左一）

离开试验站，我们又来到李春杰教授的另一处种子试验地——紫花苜蓿种子公司。他一如既往地邀请种子公司的老总为我们讲解，自己却站在苜蓿地里查看苜蓿长势，并将最新种子信息告知基地工作人员。

图 9 甘肃隆丰种业有限公司优质高产紫花苜蓿种子生产基地的苜蓿地

甘肃隆丰种业有限公司优质高产紫花苜蓿种子生产基地种植的苜蓿，由甘肃农业科学院、兰州大学和甘肃农业大学提供技术支持。该基地于 2015 年建成，总投资 1426 万元，拥有土地 1300 亩。这里每年可以供应紫花苜蓿种子 10 万公斤、干草 7 万吨。苜蓿地的灌溉水源为黑河引水调蓄的中型平原洼地水库——张掖市南华镇小海子村小海子水库。

图 10　甘肃隆丰种业有限公司的玉米种子和车间

走进这家种子公司后才发现，公司不仅生产紫花苜蓿种子，而且生产玉米种子。该公司在张掖已经建立了长期稳定的种子生产基地2万亩，其中流转土地5000亩，年生产种子800万斤。土地流转后的农民，同金昌的农民一样，年轻人带着孩子在城里打工，老人则留下来在农忙季节帮助种子公司收割或进行田间维护，收入也是每人每天80元左右。

结束张掖的草地之行后，我们匆忙吃过午饭便马不停蹄地向肃南裕固族自治县的大河乡鹿场进发。这里是兰州大学草地农业科技学院侯扶江教授的观测点，也是兰州大学历史文化学院王海飞教授的田野点。车队从张掖市出发向南不一会儿，就进入祁连山区。

图11　祁连腹地的肃南裕固族自治县沿途自然景观与路牌

经过近两个小时的车程，我们终于到达了设于肃南裕固族自治县大河乡的侯扶江教授的放牧样地。

图 12　侯扶江教授的观测点

图 13　观测点附近的民居和羊群

侯扶江教授告诉我们，第一，草地具有涵养水源的作用，这一区域河流的源头都可以追溯到草地。第二，草地上的物种多元共存。他扒开一片草地，为我们讲述了不同类别的草在同一空间竞争与共存的关系，它们高矮不一，却共存其间。第三，草原禁牧 3~4 年属于正常，但随着草越长越高，对水的需求量会越来越大。如果水源供应跟不上，则会出现草场退化的情况。因此，正常的游牧是对草场的保护，但不能过牧。过去 10 年间我国实施了退牧还草等一系列措施，这为标本兼治过牧及畜牧业向现代化转型赢得了宝贵的时间。

图 14　侯扶江教授讲述牧草的水源涵养作用及其与牲畜的生态链关系

侯扶江教授的讲述，让我们明白了万事均不能走极端的道理。在生态链上，草原的草作为牛羊的食物，被吃掉的部分正好是大自然不能很好供养的部分，牲畜也一样，需要维持在不让草场过度被吃的状态，只有这样，才能达到生态平衡。

图 15　彭泽晨副教授讲述如何培育牧草

兰州大学草地农业科技学院彭泽晨副教授也对人工牧草培育方法进行了科学的阐述。

图 16　肃南裕固族自治县康乐乡沿途人文与自然景观

考察完大河乡的放牧样地，我们便前往兰州大学历史文化学院西北少数民族研究中心王海飞教授在康乐乡的裕固族移民搬迁点。

王海飞教授告诉我们，由于祁连山生态治理工程的实施，居住在核心区的裕固族居民已经全部迁出，康乐乡的裕固族民众均搬迁至此。他们的搬迁经历了极其痛苦的过程，用他们自己的话说就是“牧场是我们的家，我们迁出后就失去了家园”。但为了祁连山的生态治理，他们含着眼泪离开了世代居住的家园。如今牧民们居住在定居点的小区里，虽然拿到了补偿款，却失去了原有的牧业生计方式。冷清的社区、没有工作机会是这些搬迁后的裕固族居民的真实生活写照。

听完王海飞教授的讲解，我们心里有一种沉甸甸的痛。裕固族作为甘肃特有的三个少数民族之一，如今只有14000多人。原来迁出的居民已经定居，现在属祁连山核心区的居民也已经迁出，年底缓冲区的居民也要迁出，那么牧民作为草原生态链上的顶端，如何发挥其维持草原存续与发展的作用？祁连山国家公园是不是应该考虑到生态多样性与文化多样性的共存？

图17 王海飞教授讲述裕固族搬迁的故事

2018年
05月
08日

5

第五天

冰沟无冰却有林

经过四天紧锣密鼓的科考后，队员们都显得有点疲乏。但大家仍在勾晓华队长的鼓励下齐心协力克服困难，从张掖南部的扁都口横穿祁连山，前往青海省海北藏族自治州祁连县冰沟继续完成科考任务。冰沟是多位不同学科科考队员的野外观测点。

图 1　扁都口

车队进入扁都口后，在李育教授的倡议下，队员们来到一处剖面前，观察山体断面的地层。其中，灰色地层也是河湖沉积物，且与我们在石羊河支流红水河看到的地层具有一致性。现在虽然这一区域因受青藏高原隆起的影响而抬升，但也说明祁连山区与北部的扇形盆地在地层上具有连续性。除此之外，我们在扁都口的祁连山北坡也看到了密集的青海云杉。

图 2　李育教授和甘肃省地矿局第四地质矿产勘查院樊新祥副总工程师讲述扁都口的地层

车辆继续向祁连山深处行进，辽阔的牧场出现在眼前。但因天气仍然比较凉，降水较少，这里的牧草看起来缺乏生机，而且稀少。

图 3　沿扁都口公路的祁连牧场和牧草

车辆由北向南行驶，来到海拔 3685 米的峨堡岭垭口，远远看到藏族同胞用于祈福的经幡挂在山顶上。

图 4　海拔 3685 米的峨堡岭垭口

翻越垭口后，山越来越低，河流将祁连山区与藏北高原连接在一起——青海到了。

图 5　峨堡镇附近的景观

进入青海的峨堡镇，已是午饭时分，我们决定在这里解决午饭问题。由于没有大的饭馆容纳我们这支大队伍，于是队员们以各自乘坐的车辆为单位，分散到不同的小饭馆用餐，并约定以最快的速度吃碗面就走。无奈海拔高，面条煮不熟，我们便以半生的米饭拌菜吃完后再次上路。即便如此，雪山映衬下的峨堡镇宛若仙境，仍然成为我们此行美好的记忆。

图 6　青海省祁连县峨堡镇

图 7　青海境内的祁连山雪峰

车辆继续向西行驶，看着两边逐渐“抬高”的山峰，我们意识到海拔已经降了下来。但远处最高的山峰，仍布满积雪。

终于，开阔的草原展现在我们眼前。牦牛、羊群遍布草原，但不用风吹就能看见它们，因为草太低。

图 8　羊群遍地

沿途看到了祁连县民众聚集在河边集体植树的情景，由此可见退牧还草、退耕还林已深入人心。

下午 3: 40 左右，我们终于来到了青海省祁连县城八宝镇。远处的雪山告诉我们，这里的海拔并不低，测过以后才知道海拔仍然高于 3000 米。

图 9　植树场景

图 10　祁连县城附近的雪山

八宝镇是祁连县府驻地，位于县境中部，北与甘肃省接壤。人口有1.2万人，以回族为主，占全镇总人口的71.5%。八宝镇面积为802平方公里，辖东村、西村、东索台村、白杨沟村、卡力岗村、拉洞村、拉洞台村、高塄村、营盘台村、下庄村、冰沟村、黄藏寺村、麻拉河村、白土垭豁村、宝瓶河村15个村委会和县城1个居委会。1952年建八宝

图11　祁连县城街景

乡，1957 年改为八宝回族乡，1958 年改为八宝公社，1984 年改为八宝乡，2000 年改为八宝镇。所谓“八宝”，是指鹿茸、麝香、蘑菇、大黄、金、银、铜、铁八种资源。经过近 20 年的发展，八宝镇已演变成一座现代化与多民族传统文化相结合的城市。从县城的雕塑来看，“鹿茸”作为“八宝”之一深受当地人青睐；从县城的标语来看，“天境”是这里的多民族同胞对家乡的评价。街道商铺的名称也均是藏汉双语，回族、藏族、汉族等各族人民生活在这里。因此，多元共存是生存之本。

我们下榻的酒店处处显示出地域与民族文化元素，如被边的褐色曲线装饰是传统藏族图案，地板砖的色泽犹如当地河道中各种石头的颜色。

图 12　祁连宾馆中的藏文化元素

办理好入住手续后，科考队员来到县城西边的一座南北向的红色高山旁，勾晓华院长和樊新祥副总工程师为队员们详细介绍了它的形成和演变过程。这座山是卓尔山的组成部分，历经常年风蚀雨打，山体呈现明显的丹霞地貌特征。受山体下面黑河支流八宝河河水的不断冲刷与造山运动的同时作用，这座山越来越高，逐渐形成现在的山体地貌特征。

图 13　卓尔山的丹霞地貌及山下流淌的八宝河

图 14　勾晓华院长和樊新祥副总工程师为大家解读卓尔山的造山运动及丹霞地貌的形成

参观完卓尔山山体的地质结构，我们便向距祁连县城 3 公里的冰沟出发。冰沟位于祁连县冰沟村。所谓冰沟，就是有冰的沟，因为这里海拔较高，沟里有常年不化的冰，因此得名。但随着气候的不断变暖，冰沟中冰融化的速度也在加快。青海云杉和灌木沿冰沟河两岸生长，形成了天然的森林氧吧。

图 15 冰沟沿途自然风光

到了冰沟，雨越下越大。冰沟内的云杉更加翠绿，雪山更加洁白。河道里的各种石头，在雨水的冲刷下，色彩斑斓。河水则携带着泥沙，滚滚而下。

图 16 冰沟内的河流、森林、雪山和如画一样的石头

科考队之所以选择冰沟作为考察点，不仅是比较祁连山区甘肃与青海生态环境异同的需要，而且因为这里是不同学科可以共同研究的联合观测点。因此，有 4 位研究者分别从地质构造、植被分布、植物的遗传多样性、植被的耗水规律等方面为我们讲解了祁连山的生态知识。

甘肃省地矿局第四地质矿产勘查院樊新祥副总工程师认为，冰沟是东祁连与北祁连的地质分界带。早在 1800 年前，这里只是微古陆而已。但到了 1600 年前，印度板块不断向北推进，使得处于青藏高原最北端的祁连山开始抬升并形成。同时，伴随着大量地质成矿的作用，祁连山便成为各种矿产资源的出产地。

图 17　樊新祥副总工程师讲述冰沟地质构造

兰州大学祁连山研究院、资源环境学院院长勾晓华教授则道出了植被垂直带谱的奥秘。她说，海拔不同，植物分布也不同，且因垂直与纬向植被类型的分布顺序具有相似性，因此海拔就如同浓缩了低纬度到高纬度的植物类型，形成带状分布，这为我们更加集中地认识植物提供了良好的观测点。如河谷地带是青海云杉的生长区域，向阳的山坡则是祁连圆柏的生长地带。其中，祁连圆柏是这一区域生长时间最长的植物，距今有 2000 年到 1800 年的历史。而人文学科的科考队员则明白了藏族同胞总爱用圆柏树枝煨桑的道理。首先，祁连圆柏是这一区域分布较广的树木且易于采伐；其次，它具有悠久的历史，是这一区域具有代表性的“神树”；最后，树木散发出的独有清香具有醒脑作用。因此，圆柏在宗教或民俗节日中发挥着仪式性的作用。

图 18　勾晓华教授讲述冰沟植被的垂直带谱

兰州大学科研处副处长、生命科学学院赵长明教授为大家讲述了青海云杉的相关知识。他认为，第一，树叶是观察植物生长演变的窗口。从小小树叶的 DNA 便可以倒推树木的历史，也可以研究不同区域同一树木的亲缘关系。第二，海拔对植物生长具有重要影响。一般来说，海拔低的区域植物物种较多，海拔高的区域植物物种较少。第三，植物的

图 19　赵长明教授讲述青海云杉的叶、果、根

根系具有很强的固土作用，从而进一步起到涵养水源的作用。树木的种子是树木繁衍生息的基础，比如青海云杉的种子，像插上翅膀一样，可以飞得更远、传播得更广。

兰州大学资源环境学院张宝庆教授则从降水量与蒸发量的关系中解读祁连山的生态系统。他强调了潜在蒸发量这个概念。我们经常听到报道说某个干旱区域的降水量少于蒸发量，蒸发量其实是指潜在蒸发量而不是实际蒸发量，蒸发由土壤蒸发、植被冠层蒸发和冠层截留蒸发三部

图 20　张宝庆教授讲述河流与植被的关系

分组成。由于树木生长比草地耗水量大，因此选择种植的植被类型对生态保护也很重要。

各位教授在海拔 3100 米的冰沟台地为我们讲述时，雨一直下个不停。由于当日天气比较寒冷，雨落下来瞬间就变成了雪。但这并没有阻止学者们研究的脚步，他们与中央电视台、甘肃广电总台的记者冒雨拍摄了冰沟植被与河流的科普片。

晚上回来后，我们将科考队员所做的涉及生态的自然科学研究与人文社会科学研究进行了比较。从研究区域来说，由于自然界各个物种所处的极端区域是观测生态变化的最好区域，因此自然科学研究的区域气候相对极端，海拔相对较高，交通条件也比较差。与自然科学研究相比，人文社会科学研究则主要集中在有人居住的区域，条件相对较好，交通也比较便利。从研究对象上来说，自然科学研究针对的是自然界的物质，尽管这些物质有自己的活动规律，但研究者可以随时随地取样而不需要征求其同意。而人文社会科学研究的对象是人，作为研究对象的人是否接受或同意，则需要一个长期的熟悉过程。从研究过程或方法来看，自然科学研究的过程不仅漫长，而且需要价格昂贵的科学仪器并进行大量实验，最终用数据得出结论。人文社会科学则需要在人的工作和生活地点长期观察，从普查到抽样，然后再进行深度访谈，经验或主观成分相对较多。但两项研究的最终结果均是为人类本身服务，自然科学研究主要是如何利用和保护自然资源及生态环境从而为人类服务，而人文社会科学研究则是如何处理和协调好人类内部的生产、生活关系从而使人类社会可持续发展。

2018年05月09日 6

第六天

五月飞雪落祁连

从冰沟回来后，因为寒冷的天气和较高的海拔，队员们都已精疲力竭。于是很快吃完晚饭，便进入梦乡。一觉醒来，拉开窗帘一看，整个祁连县城银装素裹，分外恬静。

图 1 青海省海北藏族自治州祁连县 2018 年 5 月 9 日清晨雪景

按照预定行程，今天我们要沿祁连县向西行驶到央隆乡，再向北穿越祁连山，经甘肃省肃南裕固族自治县境到达嘉峪关市。但因下雪，路况不明，所以设计此次路线的年雁云副教授有些担心。另外，他之前曾经两次想经过肃南裕固族自治县的镜铁山穿越祁连山都没有成功，因此心情比我们更为急迫。但他为了不影响大家的心情，早饭后便查看了道路和天气信息，默默地为此次穿越祁连山做准备。早饭过后，大家收拾好行装刚坐进各自的车中，就听到勾晓华院长用步话机给大家带来的安心话语：“请各车人员注意安全，虽然下雪，但道路没有结冰。另外，有长期沿此线行走的樊总带队，路上出现任何情况均有后备方案，请大家放心。”听到这些话语，大家安心地踏上了第三次穿越祁连山的道路。

图 2　被雪覆盖的祁连县城房屋及背后的雪山

图 3　祁连县河谷地带大雪压树

车队出发后，司机同志们小心翼翼地沿着道路向前开动。当看到道路正如勾晓华院长所说并没有积雪，且山上的雪景如此圣洁时，欣赏雪景便成为大家共同的事情。一路上映入我们眼帘的是压在道路两旁树上的雪，落在刚发出新芽的树枝上，亮晶晶、沉甸甸，与春争辉。

出发大约半个小时后，雪停了。乌云也渐渐散去，天空明亮了许多。但雪仍然停留在田地里、树枝上、山坡上，白茫茫一片。

由于春天的雪在地气回暖的时候落下，因此刚下完不久，河边和山坡上的雪就开始融化了。

图4　雪停了

图5　河边、山坡上的雪已经融化

不久，太阳出来了，融化后的雪升腾为雾，笼罩在树梢和被雪覆盖的山顶。

图6　雪与雾

终于，太阳完全照在了雪山上，蓝天、白云、雪山与河流构成了一幅自然的画卷。

图 7　“天境”祁连

行到一处开阔地带，车队停下来休息，大家纷纷下车缓解一下几天来紧张的科考生活。

图 8　下车休息的队员们

尤其是勾晓华院长，我与她同车，从开始科考到现在，一直在车上工作，从未得到片刻休息。走下车后的她，看见如此圣洁的雪景，也合上双手，留下了这张“憨厚可爱”的照片。

图 9　“憨厚可爱”的勾晓华院长

女科考队员与年轻学子也在雪地里留下了对祁连山区的记忆。

图 10　勾晓华院长率领的部分女科考队员和朝气蓬勃的青年学子

车队再次启动后，便进入海拔较高的山区。融化后的雪水汇入河流，缓缓地从草原流过。

图 11　从草原静静流过的河流

图 12　多元文化共存共生的小镇

路过一个小镇，镇上有一座高高的清真寺，沿街的藏族民居和清真餐馆比比皆是。在这个人烟稀少的小镇上，多元文化同处共存，令人欣慰。

过了小镇，我们继续向西北方向挺进。因海拔渐高，雪融化速度较慢，且在阳光的照耀下闪闪发亮，有经验的科考队员建议大家戴上墨镜保护眼睛。但有一位科考队员不但没有戴墨镜，反而在雪地上寻找目标。他就是兰州大学生命科学学院的动物研究者张立勋博士。

图 13　张立勋博士讲述祁连山动物的故事

在阳光照耀下的白茫茫的雪地里，成功捕捉到正在飞翔的鸟类，则是张立勋老师长期练就的特殊本领。当我们看到他拍摄的飞鸟照片时，不得不佩服他的“神眼”。雪地中一只没有捕到鼠兔的苍鹰，在腾空飞起的一瞬间，被眼疾手快的张老师成功抓拍。张老师认为，动物分布有自己独特的群落结构，也有自己的分层体系，即不同的海拔、地形和气候，分布着不同的动物。

两只正在奔跑的藏原羚也没有逃过张老师的火眼金睛。在它们的周边，还有 8 只藏原羚。通过观察，他解释道，这是母幼藏原羚群，幼羚只有 1 岁左右。除此之外，张老师还拍摄到头顶有两道杠的斑头雁等野生动物。

图 14　苍鹰

图 15　斑头雁

图 16　奔跑的藏原羚

除了野生动物，在白色的雪地中寻找牧草的黑色牦牛也格外显眼。

羊虽然也是白色的，但羊的白色外衣在雪的白色面前显得有些黄，因此在雪地中吃草的羊群很容易被分辨出来。

图 17　牦牛

图 18　羊群

图 19 风餐

图 20 中央电视台的记者们煮方便面

中午时分，车队到达青海省祁连县央隆乡的托勒村，这是进入甘肃肃南裕固族自治县境之前青海的最后一站。我们拿出前一天由专门负责科考后勤的陈玉芝老师和崔霞老师准备好的干粮，在村子的街道旁吃起了午饭。

中央电视台的记者则拿出旅行灶具煮方便面吃，引来了大家的围观。

吃过午饭后，我们就在藏族、汉族居民来回走过的街道上参观考察。远处的金顶清真寺表明，这里也有信仰伊斯兰教的民众。经与一位在街上散步的中年男子聊天后得知，这是一个藏族、回族、汉族、撒拉族等民族杂居的小村庄。

图 21　托勒村街景

只一顿午饭功夫，雪已经融化到了山脚，草原露出了上年留下的枯草。正当我们感叹雪融化速度之快时，青海与甘肃的分界线到了。分界线两边路面较好的部分属青海界，土石路面部分属甘肃界。“甘肃到，汽车跳”的现实仍然没有改变。

图 22　甘肃、青海两省分界线处

进入甘肃肃南裕固族自治县地界后，就意味着科考队再次由南向北穿越祁连山。这是科考队第三次穿越祁连山（第一次从天祝、互助穿越，第二次从扁都口穿越）。但这次的穿越路线是科考队绝大多数成员第一次穿越，又恰逢雪后路滑，再加上是土路，能否顺利通过，还是未知数。勾晓华院长再次拿起步话机为大家加油鼓劲，樊新祥副总工程师的车在前面开道，李育副院长则协调整个车队的速度，于是大家充满信心地沿着被围栏的草场道路再次进山。

图 23　进山了

进山后的道路比较颠簸，再加上从南坡上山的路非常陡峭，大家不知不觉间就停止了“步话机学术讨论会”，专心地看着外面的山体与道路。

山越来越陡，路面上的积水也随着融化的雪水而增加，每辆车过后都溅起一片水花。大家顾不上观察山体结构和植被分布情况。即使观察，也观察不到什么，因为半融的雪山呈现连斑马都无法模仿的图案，任何藏在其中的动植物都难以分辨。

图 24　跟着 1 号车前进

图 25　土路上遍布水洼

等到车队沿着崎岖的山路登上高处，再往回看时，不由得倒吸一口冷气。

图 26　崎岖的山路

到了达坂垭口，车队沿路停了下来，路的一侧是万丈深渊，另一侧则是积雪覆盖的山峰。

图 27　达坂垭口

一脚踩进雪中，居然深至脚踝。

图 28　风大雪厚的垭口风景

站在垭口，向祁连山北坡望去，唐朝诗人杜甫的那首“会当凌绝顶，一览众山小”的诗句不由地从脑海中浮现出来。

图 29　一览众山小

翻过垭口，就进入祁连山北坡。虽然仍然有雪，但雪的厚度明显变薄。中间休息的时候，我们走进了一座因搬迁而废弃的裕固族牧民的家。虽然用土坯盖成的房屋仍然坚固，屋内的土炕依然完整，生活过的痕迹比比皆是，但人去房空的伤感萦绕在我们的心头，挥之不去。

图 30　因搬迁而废弃的裕固族牧民家

翻过祁连山南坡，进入祁连山北坡后，大家的心情轻松了许多。正当大家欢天喜地地朝着出山的方向行驶时，李育副院长和年雁云副教授乘坐的 1 号车出现了故障。幸好樊总所在的开路车早有准备，于是将此车拖至发动后继续赶路。

图 31　科考队员和司机师傅一同解决车辆故障问题

中央电视台的记者车还顺便将一位货车侧翻的司机带下山找帮手。这就叫出门在外都是自己人。

一路行进，海拔越来越低，车队开始与河流同行。但奇怪的是，河水的颜色比常见的清澈绿色更绿，与山体的灰绿色相配。请教了兰州大学资源环境学院的年雁云副教授后才得知，这是因为山体中含有铜，被雨水和雪水冲刷后流进河里，河水就呈现绿中有蓝的颜色。

图 32　因含铜量大而变蓝绿色的河水

顺着水流的方向继续前行，我们终于从嘉峪关与玉门关之间的祁连山北坡走出了祁连山。回首渐行渐远的祁连雪山，前望平坦而荒凉的“西出阳关无故人”的古西域之地，由衷感叹古人的艰辛与伟大。

图 33　终于第三次成功穿越了祁连山

回顾第六天第三次穿越祁连山的经历，一句话，“一天历四季，一生不后悔”。此次从央隆到肃南的道路科考，为以后分队科考奠定了交通信息基础。通过今天的科考，我们认识到良好的交通网络是祁连山生态保护和建设的基础。如今祁连山区东西向的道路条件已经得到了明显的改善，高速公路、高速铁路和航班已经全覆盖，但南北通道中的土路状况应当尽早改善，尤其是祁连山中西部南北通道中的土路应该早日铺面，以便祁连山国家公园建设的前期勘探、考察以及后期的施工与建设。

2018年
05月
10日
7

第七天

玉门如玉　敦煌辉煌

在明长城西端尽头嘉峪关住宿一夜后，年长的科考队员来不及参观长城的雄伟，年轻的科考队员也顾不上体验方特的惊险，车队便沿国道向玉门的环保企业驶去。之所以选择国道前行，目的是能够方便地停车让队员们查看戈壁上的植被和地形地貌，但让队员们始料不及的是，前行的路上突发大巴着火事件，浓烈的胶皮味飘散在附近的天空中。中央电视台和甘肃广电总台的记者们迅速赶到火场报道，用他们的话讲："新闻追着我们跑。"他们嘱咐我们另择道路前行，拍摄并采访后再追赶我们。从他们的身上，我们也感受到了新闻人的敏锐与果敢。

图 1　嘉峪关西的大巴着火现场

于是车队在绕行另一条道路仍然不通的情况下只好上了高速。虽然不能随时停车观测植被和地形，但一路上戈壁滩上的城镇和灌木也能尽收眼底。

图 2　戈壁滩上的城镇与灌木

图 3　兰州大学管理学院副院长吴建祖教授

一个多小时后，我们便来到了玉门老城老君庙。这里曾经是共和国石油英雄“铁人”王进喜的家乡，也是新中国第一个石油工业企业——玉门油田管理处所在地。由于科考队成员中兰州大学管理学院副院长吴建祖教授将对祁连山区的企业进行长期研究，因而当日科考的第一站不是玉门石油企业，而是一家正在建设的环保企业——雅居乐环保科技有限公司。

我们走进玉门老城后，公司负责人庄雪龙和他的团队便将我们接到公司的施工现场进行参观。

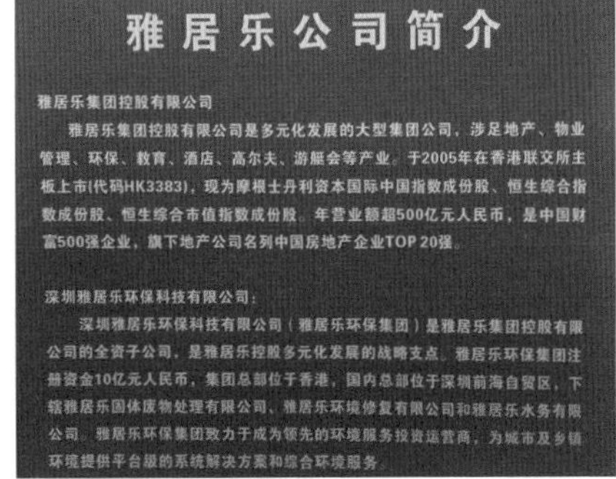

图 4　队员们考察公司建设情况

据庄总介绍，他们已经建成可以填埋 10 年之久的固体废弃物分类处理及循环使用的填埋场。当废弃物被填埋后，上方覆盖塑料并压 2 米深的厚土，再填 1 米深的黄土，地表还可以用来种植农作物。

图 5　环保企业的固体废弃物填埋场设计图

听完庄总的介绍，我们便进入正在施工的厂区参观。深坑中的特殊地基及地面上的操作厂房正在建设之中，预计 2018 年底建成使用。

图 6　如火如荼的环保企业厂房建设现场

参观完企业后，庄总驱车带领我们进入玉门老城参观兰州大学资源环境学院未来的科研和教学实习大楼。经过市中心十字路口时，石油工人的雕塑映入眼帘。

道路两旁的白杨树上挂满了红色的灯笼，与绿叶互相衬托，构成了玉门老城的一道风景线。玉门老城所在地——老君庙虽然在玉门石油产量锐减和玉门市政府搬迁至玉门新城后一度破败，但随着废弃石油故城旅游业的兴起以及像雅居乐这样的新兴企业落户玉门老城，这个曾经让

图7　玉门石油工人像

图8　老君庙街景——红色灯笼挂在绿色杨树上

许多下岗石油工人落泪的小城又重新焕发了生机。行驶在这座对新中国石油事业贡献巨大的小城中，感受兴盛与衰败的历史，心中由衷升起对中国石油人的崇敬之情。

车队拐进一条有红色砖墙的小巷里，队员们便下车随庄总来到一处院落前。经介绍我们才知道，这是玉门市国资委和环保局以前的办公地点，如今已因迁往新城而空置。这里空闲的房屋很多，于是经玉门市政府相关部门批准，便成为雅居乐公司与兰州大学资源环境学院进行科研与合作的基地。

图 9　红墙院落内的实习基地大楼

走进楼门，两行红色标语映入眼帘：发扬铁人精神　争创先进企业。一种向上的力量油然而生。

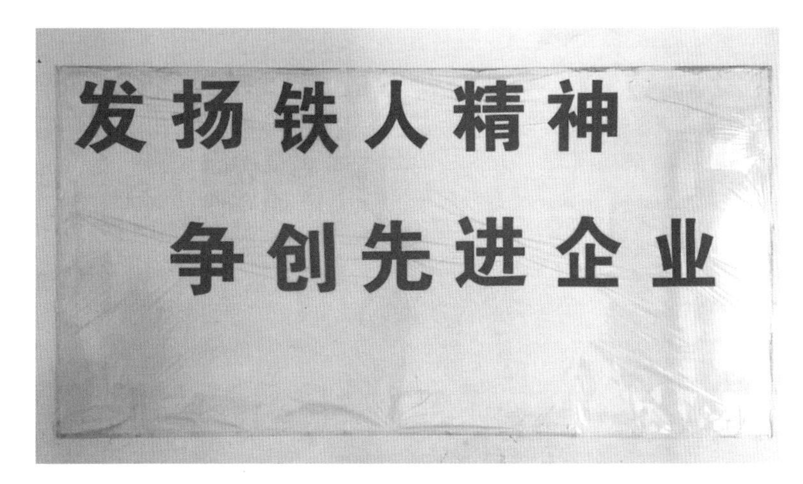

图 10　励志标语

上楼参观后，才得知企业已为日后兰州大学教学实习及科研学子准备好了宿舍。墙白地净，供暖设备也已恢复。

图 11　兰州大学教学实习基地的宿舍

还有宽敞明亮的学术讨论室兼会议室，走廊笔直，卫生间干净整洁。可见雅居乐公司非常重视与兰州大学的科研教学合作。

图 12　科研教学基地一角

庄总还介绍道，公司计划按 20 世纪 50~70 年代的风格简单装修这两栋楼房，目的是让兰州大学的师生们以“铁人”王进喜为榜样，永攀科技高峰，并将科研成果不断转化为生产力，为企业发展提供源源不断的动力。

走出雅居乐公司为兰州大学师生们提供的科研实习基地后，我们沿着玉门老城的大街走向中国第一口油井所在地。沿途虽然仍有空巢的房屋，但老城生机已经重现。如玉门油田为了保障能够开采 100 年，虽然缩小了开采规模，但仍有 2000~3000 人活跃在石油战线上。

图 13　重现生机的老城街区

图 14　老城内的基础建设正在恢复

一些空置的楼房，被修缮一新；街道破损部分，也正在修补。

随后，我们来到中国第一口油井所在地——老君庙。玉门老城之所以被称为老君庙，是因为出油的这道沟中有一座太上老君庙。如今这座庙掩映在沟中的白杨林中。

图 15　中国第一口油井及玉门石油指挥所旧址

图 16　山脚下黑色的洞孔是石油工人曾经住过的窑洞

中国第一口油井分布在河道对面的山上，油田指挥部则坐落在第一口油井下方崖面的三孔窑洞中，工人们的宿舍就是那些分布在崖面上的窑洞。看到如此情景，想起中小学课本中王进喜的先进事迹，想不到“铁人”及其他中国老一辈石油人虽然生活在如此艰苦的环境中，但他们彻底改变了中国贫油的国际形象。

参观完第一口油井后，我们便返回玉门老城。新建的厂房、街道比比皆是。

图 17 新兴产业正在兴起

随后车队向玉门新城出发，汉白玉雕刻的玉门新城地标在蓝天的衬托下格外醒目。一市两城、旧城复苏、新城新貌正是现代玉门的独有特点。

图 18　玉门之门

玉门市有关领导与科考队员共进午餐，并为我们描述了玉门的所有产业情况和今后的发展方向。我们也向他们了解了玉门少数民族、宗教事务方面的情况。临别之际，“祝玉门如玉”是我们对玉门新旧城市的最好祝福。

辞别玉门后，科考队沿高速公路继续向敦煌行进。当宏伟的数字敦煌展示馆出现在我们面前时，我们惊叹地发现几年前还是设计图纸的数字馆竟然在这么短的时间内建成了。数字敦煌是对敦煌莫高窟最好的保护。

图 19　数字敦煌展示馆

走在敦煌的大街上，总有时光倒流的感觉。那一砖一瓦，就像在地下沉寂了千年一样；那泥塑一样的高墙，仿佛隔世般遥远。

图20　厚重的墙头

下榻的酒店、街道上的文化砖，无一不蕴含着敦煌的元素。

图21　随处可见的敦煌元素

图 22　敦煌美食

这里的食物，特色鲜明，如驴肉、杏皮水、黄面、萝卜条，颜色如出一辙——泥土的颜色，吃到嘴里，是那样的浓郁和香甜。

吃饱喝足后，我们来到了党河边，清澈的河水因人工的维护与修缮形成了浅而宽的河面，缓缓地向下游流去。

我们坐在河心岛的长凳上，听理科教授分享以前的野外考察故事，直到天色渐黑，方才归去。

今天的科考，人文成分较多，涉及企业与高校合作、历史与遗产、民族与文化等多方面。如今生活在祁连山北麓——河西走廊的人口是汉代时期的上百倍，这些人中不仅有农人与牧人，而且有东来西归的多人种多民族的商人、旅行者、外交家、工人等，他们生活在祁连山下，靠流出祁连山的石羊河、黑河和疏勒河三条河流，在日益干旱的走廊生产生活的同时，架起了中西方互通有无的桥梁。如今随着“一带一路”倡议的实施和祁连山生态的重建，祁连山下的多民族、多职业、多界别民众将在“精品丝路”“祁连精神”的激励下，再创昔日辉煌。

图 23　流过敦煌的党河

2018年
05月
11日
8

第八天

从“博罗转井”到“红柳湾”的哈萨克族人

由于此次科考是理、工、文、社不同学科的综合科考，因此继吴建祖教授的企业考察后，我们来到了笔者所在的兰州大学西北少数民族研究中心长期进行研究的祁连山少数民族地区之一——阿克塞哈萨克族自治县。之所以在长期居住于祁连山区的民族中选择哈萨克族，不仅是因为哈萨克族人居住的西部祁连山区生态环境比东部更加脆弱，而且是因为哈萨克族迁徙对今天研究祁连山区移民问题有所启示。阿克塞县县委宣传部对此高度重视，发来了考察日程安排。经勾晓华院长和李育副院长同意，我们便按此日程展开了考察。

祁连山区移民研究成果展示

韩静茹　边疆研究　5月10日

河西走廊少数民族众多，由东南向西北分布有藏族、蒙古族、裕固族、哈萨克族、东乡族等民族，他们倚靠祁连山供给的水源、森林、草场、耕地等自然资源维持各自的生计与生活。但近二十年来，由于祁连山资源的过度利用以及生态环境的破坏，生活在这里的各民族因高山草场退化、草原牧区沙漠化的情况开始进行大量移民。疏勒河、黑河、石羊河三大内陆河流域是生态移民的主要集中地，以生活在阿克塞、肃北、肃南等地的移民现象最为普遍。有关祁连山区移民研究，兰大学者和学子在各自的田野点产出以下成果。

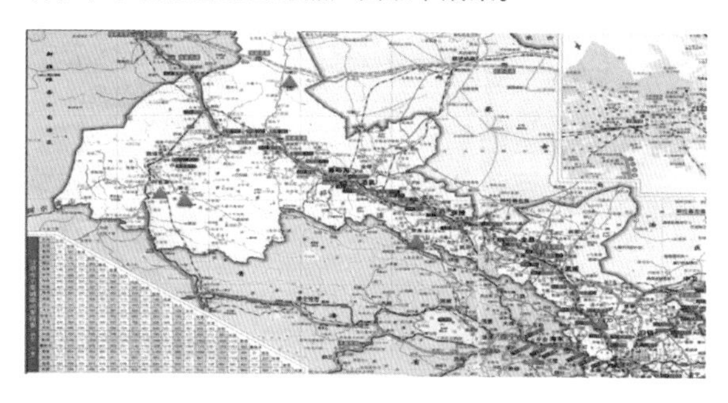

图 1　兰州大学祁连山少数民族研究成果简介（第一页）

在从敦煌向阿克塞县出发之前，笔者就与博士生韩静茹将汇总好的祁连山区少数民族田野点、研究内容及主要结论以电子版的形式发给所有科考队员。

在从敦煌到阿克塞的途中，笔者用对讲机简单地向队员们汇报了阿克塞哈萨克族的起源、迁徙及现状，韩静茹同学则向大家介绍了哈萨克族的代表性民俗“姑娘追”。大家在你问我答的对讲机交流模式中不知不觉地到了阿克塞县城——红柳湾镇。迎面而来的“姑娘追”雕塑印证了这一民俗。

图 2 “姑娘追”雕塑

在县委宣传部和统战部有关领导的带领下，我们来到了社区活动中心。进门后，我们被宏大的歌舞场面所吸引，原来阿克塞民众正在举办庆祝母亲节的活动。女科考队员们接受了哈萨克族姐妹们送上的母亲节的祝福，勾晓华院长发表讲话感谢阿克塞县政府各部门和广大民众对此次科考的支持。笔者也向阿克塞县相关部门对兰州大学的师生们在这里长期调研给予的支持表示感谢。之后队员们观看了社区居民表演的京剧和哈萨克族传统舞蹈“黑走马”（哈语——卡拉角勒哈）。这是一个哈萨克族小伙子驯化野马的传说，现在则以哈萨克族传统舞蹈表现出来，反映了哈萨克族早期的游牧生活。

图 3　哈萨克族民众庆祝母亲节的表演

随后，科考队来到阿克塞县文体中心。文体中心正门外面的广场上矗立着一座雕塑，据文体中心的工作人员介绍，这是哈萨克族伟大的思想家、诗人、作曲家阿拜・库南巴耶夫，他所作曲目有 100 多首流传至今，被誉为哈萨克族“诗圣”。雕塑后面的文体中心入口恰好是哈萨克族毡房的形状，沿此“毡房”下方的大门，就进入了文体中心。

图 4　手持冬不拉的阿拜 · 库南巴耶夫雕像

进入文体中心大厅，哈萨克族的族徽白天鹅和代表性民俗“姑娘追”的木雕分列大厅两侧。木雕是哈萨克族的传统工艺品。历史上哈萨克族常用的木碗、木盘、木盆以及冬不拉、库布孜等乐器上经常雕刻传统图案。

图 5　刻有白天鹅和“姑娘追”的木雕

地板与穹顶则分别装饰着哈萨克族传统图案。

图 6　地板与穹顶的哈萨克族传统图案

工作人员专门为我们讲解了阿克塞县的地形地貌、海拔、气候、行政区划及人口等情况。1954 年建立在博罗转井镇的阿克塞县，经过 40 年的发展之后，由于海拔高、水质含重金属成分等原因，便将县城

图 7 阿克塞县地形及行政区划图

从海拔 2600 多米的博罗转井镇迁至海拔 1500 多米的红柳湾镇。在政府的支持下将党河水引到红柳湾镇后，新县城经过 20 年的建设与发展已经成为一个绿洲城镇。

图 8　阿克塞县哈萨克族的衣、食、住、用展品

众所周知，哈萨克族是游牧民族，衣、食、住、用均依靠牧业。从新疆阿勒泰、巴里坤迁到青海海西和甘肃博罗转井以后，哈萨克族人仍然保持着游牧生活。1998 年从博罗转井迁入红柳湾镇后，一部分人转为从事第三产业，而在红柳湾镇和阿克旗乡、阿勒腾乡，在保持不过牧的前提下，仍有相当一部分哈萨克族和汉族居民从事牧业。因此，阿克塞县的传统牧业文化才得以持续存在。

图 9　赛马场

政府也为哈萨克族人修建了设施齐全的专业赛马场。随着退牧还草的实行，一些牧民主动加入赛马场的驯马、赛马职业中，既保持了自己民族的传统文化，又找到了不错的工作。

随后科考队来到附近的社区进行入户访谈，却发现曾经的连片平房变成了一栋栋别墅。当问及以前的平房社区哪里去了时，统战部和宣传部的领导说，县委、县政府启动民族村住房改造项目，这里已经升级改造为设施齐全的民族新村了。

图 10　红柳湾镇的民族新村

于是我们进入一户已经搬迁到民族新村居住的汉族人家进行调查。经访谈得知家中只有老两口和小孙子居住，儿子、儿媳均外出打工。家中虽只有老人和小孩，但厨房、卧室、卫生间干净整洁，客厅中堂还悬挂着毛主席的诗词《沁园春·雪》。

图 11　民族新村的汉族人家

之后我们来到一户从武威迁到这里的汉族人家。夫妻两人将别墅中的客厅改造成超市，兼营电商。

图 12　民族新村中的实体超市与电商服务平台

匆忙吃过午饭，我们便赶往阿克塞老县城——博罗转井镇，与几年前相比，残存墙体在风雨侵蚀下变得更矮。在这里拍摄的《九层妖塔》《西风烈》等影片上映后，总有旅游者前来参观游览，目前阿克塞县政府本着以旧做旧的原则，在维持老县城残体的基础上发展旅游业。

图 13　老县城博罗转井镇

从博罗转井镇继续向西行驶两三公里后，我们便来到大坝图村的一户哈萨克族牧民家里。这家的牧民夫妻有四个孩子，其中三个在县政府或事业单位工作，另一个儿子与父母一起放牧，并担任该村的支部书记。

这户人家的主要财富是羊与马。由于祁连山生态修复工程建设，他家和其他牧民一样，放牧小畜不能超过 650 只（小畜指羊，大畜指马或牛，1 头大畜合 5 只羊）。所有牲畜一年四季在牧场中轮牧，避免了过牧引起的生态退化。

图 14　哈萨克族牧民家

图 15　牧民家的马圈与羊圈

其他学科学者也与哈萨克族人家就牧场转场、退牧还草、牧草长势、水源供应等问题进行了访谈。

图 16　勾晓华院长和科考队员们一起在哈萨克族牧民家访谈

返回红柳湾镇后，我们来到民族新村的一户哈萨克族人家，欣赏他们邻里团结互助的歌舞，听他们讲述祖先迁徙的英雄故事。

图 17　哈萨克族老人唱邻里团结的歌曲

图 18　民族新村哈萨克族人家的卧室

唱完歌曲、讲完故事以后，哈萨克族男女老少集中到院子里，跳起了已经被收进非物质文化遗产名录的黑熊舞、黑走马。幽默的舞姿、明快的音乐让大家的笑声传得很远。

图 19　传承人跳的黑熊舞

中央电视台和甘肃广电总台则将哈萨克族传统文化记录下来，并以视频直播的方式用中英文报道出去。到了晚上，哈萨克族民众得知自己的传统歌舞传播到全世界后，万分高兴。

几天后，笔者有幸在兰州见到了阿克塞县宣传部副部长萨丽达，她是一位长期在基层工作、对哈萨克族从生态到信仰非常了解且哈萨克语流利的哈萨克族领导。当笔者就阿克塞县哈萨克族传统文化如何传承与保护的话题再次向她请教时，她认为在生活中传承是最好的保护方式。

经过与理工科科考队员、当地哈萨克

图 20　中国国际电视台和央视新闻使用中英文直播阿克塞县传统文化的截图

图 21　笔者与萨丽达副部长（左）探讨哈萨克族传统文化传承问题

族领导及民众互动讨论后，我们提出以下建议：在祁连山国家公园建设过程中，应当将少数民族人口纳入其中，因为包括藏族、裕固族、蒙古族、哈萨克族、土族在内的少数民族，世代生活在祁连山腹地，了解祁连山腹地的生态环境，因而可以成为祁连山国家公园因地制宜的建设者，在建设的过程中传承和保护传统少数民族文化，即多元生态与多元文化相得益彰，才是祁连山生态恢复与发展的正确道路。

2018年
05月
12日
9

第九天

再穿祁连只为邻
——青海

由于祁连山脉东部降雨量大，河湖较多，交通相对便利，养育的人口也较多，穿越东部祁连山区相对容易，而西部降雨量小，河湖较少，交通条件相对落后，养育的人口明显较少，因此穿越西部祁连山区相对困难。但要进行科学研究，为以后科考提供基础数据和资料，就必须全面了解和认识祁连山，特别是祁连山西部。这也是科考队决定第四次穿越祁连山的原因。

我们还没有彻底从阿克塞县哈萨克族民众的传统歌舞和故事传说中回过神来，中央电视台的报道团队便因另接任务而不得不离开我们。虽然我们对他们的离去很是不舍，但“新闻在哪新闻人就在哪”的职业规范使他们不得不与我们挥手告别。科考队也随即踏上了从阿克塞哈萨克族自治县所在地红柳湾镇向南翻越当金山，经青海海西蒙古族藏族自治州州府德令哈、海西州天峻县，最终到达海北藏族自治州刚察县的科考之路。由于全程预计有 800 公里，所以“赶路”是当天的要务，进山则是穿越祁连山的第一步。

图 1　进山成为科考常态

科考之旅也是学习之旅。受地质、地层、河流、植被、草地、动物等不同学科科考队员的影响，我们人文社科学者也开始注意山体的形状和颜色，学着辨认河谷、山坡上的植被以及河流流向等。

图 2　不同形状的山体和河道

途经的山里我们看到，在阳光照射不到的山洼地，下雪后由于没有足够的阳光，就形成了雪窝子。在雪窝子的上面，因海拔高、蓄水少，植被也较少；在雪窝子的下面，海拔低，雪水下流时滋润土壤，植被就逐渐多了起来。

图3　雪窝子

在没有植被覆盖的地方，则露出了灰绿色的土层。走近看，形状像煤，颜色却呈灰绿色。

图4　呈灰绿色的山体

而有些山，则上面呈灰绿色，下面因盐碱多而呈白色。

当我们翻越野牛脊时，为了拍摄车队在蜿蜒的山路中穿行的画面，甘肃广电总台的记者们利用无人机进行航拍。但因无人机的操控设备死

图 5 向阳的山体底部不是雪而是盐碱

图 6 甘肃广电总台勇敢敬业的记者们

机，无人机失控坠落山间。记者四人花费两个小时才在没有任何信号的山沟里找到无人机残骸。回来后四人精疲力竭，只好在路边补充干粮后继续追赶我们的车队。

图 7　进入青海海西蒙古族藏族自治州境后的安全检查站

翻过祁连山，进入青海海西蒙古族藏族自治州境后，遇见公路安全检查站。车队所有人员，包括司机在内，携带身份证进入检查站，将身份证放到指定的仪器中，显示通过后，就等于通过了安全检查。我们也趁机下车活动一下久坐的身体。

图 8　荒漠植物

离开检查站后，车队一路向东行驶，队员们不时在短暂停车的空当下车察看土壤和植被情况。

随着海拔从西北向东南方向逐渐降低，地上的植被开始多了起来，且为同一类型。

图 9　野草丛生的柴达木盆地

突然，我们在山窝中发现了一团白色物质，与山体的颜色完全不同，绕过山后看见许多沙子堆在山脚下，才意识到那是从山口处吹进去的沙子，沙子越积越多，逐渐形成卧在山窝中的沙堆。山体的颜色也由以前的灰绿色变为黑色。看到此景，让人不得不惊叹大自然的鬼斧神工。

图 10　山窝里的沙堆

山体的颜色越来越深，与煤炭的颜色相似。问了理工科的科考队员后才得知，这里的确有煤矿。同行的司机汪师傅年轻时曾在大柴旦当了 8 年兵，当年他作为汽车兵经常到这里拉煤的经历也证实了煤矿的存在。

图 11　矿山

“赶路”的效果非常明显。中午时分，我们就从海西蒙古族藏族自治州来到了与海北藏族自治州接壤的天峻县。天峻县地处青海湖西北部、祁连山南麓、柴达木盆地东部，海西、海南、海北三州交汇处，是海西的东大门。“天峻”县名由环青海湖十三名山之一——“天峻山”音译而来。全县总面积为 2.57 万平方公里，平均海拔在 4000 米以上，地势高峻，气候寒冷。可利用草场面积占总面积的 50.1%。全县辖 3 个镇 7 个乡 62 个牧委会和 2 个社区，有藏族、汉族、回族、蒙古族、撒拉族等 15 个民族，总人口为 22934 人，少数民族人口占 85%（户籍人口），是一个以藏族为主体的多民族聚集地区，“西王母文化”是其文化的代表。这里街道宽阔，建筑新颖，偶尔能够看见藏族文化的踪影。但街道上行人非常少，与山东省、四川省上百万人口的县城形成鲜明的对比。

图 12　青海海西蒙古族藏族自治州天峻县城

过了天峻县，离目的地刚察县城就不远了。大家怀着比较轻松的心情享受接下来的行程。路边的新农村建设如火如荼，标语中显示出的信心和觉悟与天地同在。

图 13　天峻县新农村建设

进入刚察县境时，道路上出现了浓郁的藏式风格迎宾彩门，这是进入刚察县境的标志。

图 14　进入刚察县境的迎宾彩门

由于刚察县位于青海湖北部，因此我们接下来的行程就沿着青海湖北部自西向东行驶，沿途时不时地看到灰蓝色的青海湖。从所经过的河流均向南流的趋势看，整个刚察县境的河流为青海湖提供了不可多得的水源。

到了只有一条街道的刚察县泉吉乡，以红色为建筑主色调的街道与周边已经泛黄的草原形成了鲜明的对比，路边不时出现的小水塘表明这里离青海湖较近且水源丰富。

图 15　刚察县泉吉乡街景

图 16 泉吉乡路边不时出现的小水塘

终于，经过 8 个多小时的行程，我们到达了刚察县沙柳河镇，静静的沙柳河经沙柳河镇向南注入青海湖。刚察县西边有河、南边有湖，地理位置优越。

图 17 刚察县城西边的河流

入住并吃过晚饭后，笔者跟随科考队员们考察刚察县县城。但走到居民跳“锅庄舞”的广场时感觉腿有些发软，就意识到这里的海拔仍不低，便立刻返回酒店休息。第二天早晨不到 6 点就走出酒店，完成原本昨天就该完成的人文考察。

刚察县古为羌地，现为青海省海北藏族自治州辖县，是青海省环湖重点牧业县之一。面积为 1.2 万平方公里，辖 3 乡 2 镇 1 场。全县总人口为 4.2 余万人，少数民族占 72.5%，其中藏族占 63.38%，其余为汉族、蒙古族、回族、东乡族等民族。县政府驻地沙柳河镇位于州境西部、青海湖北岸。

如今的刚察县是一座经过精心设计并倾力打造的具有藏族文化背景的县城。首先映入眼帘的是清晨的“锅庄舞”。笔者跟着当地居民跳了 3 个曲目后，便将他们的舞姿留在了记忆中。

图 18　刚察县清晨的“锅庄舞”

清晨干净整洁的街道上还没有一个行人。走在大街上，冷风嗖嗖，即使穿着秋裤，也感觉被冻透。只有走得快一些，才能让身体更暖和一些。

从街道上的单位牌匾来看，这里“麻雀虽小，五脏俱全”。不仅行政管理单位齐全，而且就连藏医院这样的特色单位也有，穆斯林也能找到清真饭馆。

还有藏族文化特征明显的老城步行街。由于时间尚早，店铺还没有开张，只能从牌匾上辨别步行街商店的种类。但也很难将其归类，各种店铺均有。

图 19　刚察县城街景（路灯上的法轮在藏传佛教中象征佛陀讲解的 48000 种佛法）

图 20　多元共存的街道

图 21　步行街

因为老城在主街的北部，所以笔者决定向南拐，看看新城的变化。果然不出所料，这里的藏族文化元素更多。藏城刚察的迎客门告诉我们，这里就是新城的开始。走进新城，出现了“沙柳河镇城南社区”的字样。这是一个别墅小区，小区内道路平整，绿化带环绕楼房。临街的楼房侧墙则装饰着中国结和藏族传统图案。

图 22　沙柳河镇城南社区

与藏城刚察的迎客门相对的是刚察县游客服务中心，可见旅游业是位于青海湖边的刚察县的主打产业。

图 23　刚察县游客服务中心

在游客服务中心的左侧，出现了一个大大的蒙古包。笔者绕着它走了一圈，才在南边的门上看见了“藏城演艺中心”的字样。

图 24　刚察县藏城演艺中心

再向西南方向望去，有一座高大的下白上红的方形建筑，这就是刚察县博物馆。

图 25　刚察县博物馆

博物馆位于刚察县城的西南边缘，沿环城公路向北行走，一路上都可以望见北面山上的巨大金色佛像。在步行将近 20 分钟的环城路上，所有建筑上都有藏族文化的影子。如路边排列着绘有佛眼的彩旗。佛眼一般在宗教法事活动的藏面具上体现，后来也使用在建筑、帐篷、佛堂和佛塔上。固定彩旗的法轮下面则是当地民众堆放的彩绘石头，藏族民众称其为“玛尼堆”。玛尼堆的石块、石板或卵石上大都刻有文字、图案。内容多是藏传佛教的经文、佛尊、动物保护神、六字真言及各种吉祥图案等。每逢吉日良辰，人们便一边煨桑，一边往玛尼堆上加石子，并虔诚地用额头碰它，口中不停祷告。日久天长，一座座玛尼堆便拔地而起，越垒越高。

图 26　绘有佛眼的彩旗

到达挂着经幡、可以煨桑的小山上，却看不到去佛像那里的路。问过一位好心的藏族同胞后才知道，下山后再右拐才可以到达。

图 27　挂着经幡、可以煨桑的小山

七拐八转到达佛像前时，才发现这是一个正在建设中的藏传佛教寺院。寺院的大门前蹲着两个狮子，大门的院墙还没有垒起。大门的背面写着“释藏林卡”四个大字。“林卡”为藏语，相当于汉语的“园林”之意。只不过这个园林正在建设中，相信若干年后这里就可以称得上“园林”了。

图 28　正在建设中的藏传佛教寺院

图 29　藏传佛教寺院中的佛像与大殿

图 30　前来寺院朝拜的信众

再向北走，一尊左手横置左膝上、右手向上屈指做环形的高大和善的金色佛像呈现在眼前。佛像的底座是一个转经房。走进去，恰遇一位藏族姐妹在磕长头，虔诚的姿态让人难以忘怀。

从转经房出来继续向北走，就来到了寺院唯一的大殿，里面供奉着多位佛像，外面则是一圈经轮。

参观完大殿出来的时候，已有一位年老的藏族男子在大殿外面转经轮，还有几位中老年藏族妇女在佛像下面的转经房里转经。走出大门后，又看见几位年轻藏族女子也走向转经房和大殿。无论男女，一句话都不说，只是默默地转了一圈又一圈。

离开寺院，刚察县的考察就算结束了。回顾从阿克塞县到刚察县的行程，前半天与自然界相处，观察各种地形及植被，看到土地的颜色与土地上长出的植被具有某种相似性。经与兰州大学资源环境学院的教授讨论，学到了土地的颜色决定了土地上生长的万物的颜色的知识，即人类的活动不能违背自然规律，否则自然界就会给人类带来灾难。后半天则一直徜徉在藏族文化的氛围中，感受人与自然和谐之美，体验藏传佛教的山水对当地民众在世界观和价值观方面的影响，更加明白人类不得不遵循自然规律的道理。

2018年

05月

13日

10

第十天

连城连着你和我

由于刚察县是此次科考的倒数第二站，绝大多数科考任务已经完成，从青海刚察县到本次科考的终点站甘肃永登连城的距离比较短，因此科考队队长勾晓华教授和副队长李育教授建议大家早晨九点出发，以便大家能补一点 10 天来欠缺的觉。

九点刚到，大家准时在酒店门口集合，司机师傅们检查好车后便向东挺进。随着回家的路程越来越近，按理说应该开心才对，但想到要离开这个团结、奋进的科考团队，真心舍不得、放不下。当离开挂满经幡的刚察达坂时，心里有种说不出的不舍。同车的老师们也有同样的心情。

图 1　刚察达坂迎风飘扬的经幡

穿过刚察县境东大门，我们再次踏上草原。由于此处仍属于青海湖区，水源比较丰富，随着海拔的不断降低，再加上夏季即将来临，草场已经泛起绿色。

图 2　刚察县境东大门

从牧场的牲畜种类来看，仍然以羊和牦牛最多。由于有围栏保护，牲畜不可能越界，因此我们只看到牦牛和远处牧民的家，却看不到牧民的踪迹。

图 3　围栏中的草场和牲畜

继续东进后，看到草原上被开垦的一块土地，颜色黝黑，就像东北的黑土地一样。问及颉耀文教授后才知道，种植品质优良的牧草是这里近年来兴起的新牧法。

图 4　种植牧草的牧场

行驶到刚察县与海晏县交界处时，车队拐进了一处鼠害严重的牧场。遍布草场的鼠洞，使草场遭到了严重破坏。如何防治鼠害，成为草业、河流、畜牧专家们讨论的焦点。

图 5　遍布草场的鼠洞

图 6 甘肃广电总台记者现场采访颉耀文教授

研究遥感技术的颉耀文教授和年雁云副教授为大家做了一场生动的利用遥感技术记录大面积范围内植被生长情况的讲解。颉耀文教授讲道，对于祁连山生态保护来说，很多地区人类无法抵达，因此运用遥感技术可以对祁连山进行持续的动态监测。比如用遥感技术制成的30米分辨率的遥感影像地图就可以清晰地将这一区域的河流、植被、草场等情况尽收眼底，从而为研究这一区域提供精确的基础数据。

年雁云副教授认为卫星遥感监测范围虽广，但受周期、天气等客观因素影响，需要地面遥感和航空遥感来补充，从而保证数据的准确性。

图 7 年雁云副教授正在布控遥感仪器

其他学科的学者则在现场学习如何利用遥感地图查看草场退化情况及如何防治草场退化。我们人文社科学科的队员虽然听不懂专业术语，但能认识到遥感技术在大面积范围内查看草场退化和绘制精确的草场地图方面具有不可替代的作用。

图 8　不同学科的学者在现场讨论理论对实践的指导作用

离开草场后不久，车队开始沿着大通河上游水库行驶。这意味着草原之行结束，农耕生活场景将进入我们的视野。

图 9　大通河上游水库

公路沿大通河向东延伸，我们便从高原来到河谷。与内地汉族人家一样的民居展现在我们的面前。回想我们学过的汉族迁徙史，再看看现在汉人聚居的区域，可以确定汉人就是居住在海拔较低的河流旁边从事灌溉农业的人。

中午时分，我们终于回到了连城——此次科考第一天中午吃饭的地方。望着熟悉的祁连山东段山峰，“连接”“圆满”“句号”就是对大家心情的最好描述。吃过午饭稍事休息后，我们便踏上了去吐鲁沟考察树木径向生长对气候要素响应的科考之路。

图 10　进入农区

图 11　路过的奶牛挡住了我们的去路

需要说明的是，这里虽然是勾晓华院长带领的团队进行森林植被研究的长期观测点，但她决定将其他学者的观测点放在前面考察，直到最后才来到这里。先人后己的品德很值得我们学习。

吐鲁沟森林植被观测点坐落在连城国家级自然保护区内，也在吐鲁沟国家森林公园内。走进吐鲁沟，首先映入眼帘的是在离河流最近的地方生长着的红桦。其形状与我国东北地区以及俄罗斯的白桦一样，只是树皮的颜色为红色或橙色，在阳光的照耀下熠熠发光。

图 12　红桦

随着海拔不断升高，森林的垂直分布状态在山坡上显现出来，从树下的草地、灌木到红桦、云杉或者圆柏，依次攀升，层级明显。

图 13 植被的层级分布

到了山顶，云杉的分布明显稀疏，但灌木则多了起来，直到山顶。主要原因是这里的降雨量明显增多，植被因而更多，种类也更丰富一些。

图 14 山顶植被分布

勾晓华院长及其团队从祁连圆柏中取出微树芯后分析道，取出来的微树芯，一般直径为1.5~2毫米。但通过这个小小的微树芯，可以找到树木中的活跃部分，分析出祁连圆柏的生长与温度、降水的关系，从而进一步理解和预测祁连山森林生态系统对气候变化的响应。除此之外，对植被的野外观测还需要测量祁连圆柏的光合速率、架设自动气象站等来观测小生境的各个气象要素。

图15　勾晓华院长及其团队取树芯

图16　甘肃广电总台记者杨海芸、王涛在现场拍摄

在如此高的山顶上，各类测量仪器也需要团队人员合力才能抬上去。甘肃广电总台的记者们不畏艰难，扛着拍摄仪器，一路跟拍上来，很不容易。

图 17 队员们听勾晓华院长讲树的故事

不同学科的学者也抓住最后的学习机会，听勾晓华院长讲述树轮、树芯、树干、树根的故事。

站在接近山顶的地方向下望去，从阳坡上的灌木、圆柏、草地、河流到对面山坡上的云杉及灌木一览无余。植被垂直分布的知识通过现场观察再次得到巩固。

图 18 从山顶看植被分布

下山途中，我们有幸看到了不少灌木和草本植物，如生长在海拔3000米左右的杜鹃灌丛，它们虽然长在枯草中，却顽强地向上伸展着新叶。

图19　树下的唐古特瑞香和胭脂花

山下的年雁云副教授也为大家科普了遥感知识。他说目前有地面遥感、航空遥感、航天遥感等多种平台，利用这些平台可以拍摄到不同分

图20　年雁云副教授讲述如何利用遥感技术探测植被分布

辨率的遥感影像。比如此次科考每一个考察点都拍摄了卫星遥感图，可以利用其他遥感技术进行补充，形成祁连山更为全面的遥感影像图，从而为草地、植被、河流、地质、气象及人口分布提供基础数据。

图 21　张立勋博士讲解祁连山动物群落分布

兰州大学生命科学学院的“神眼”张立勋博士则为大家讲解了如何利用红外线相机等监测手段，掌握祁连山不同类型生态系统中的生物多样性和栖息地现状，评估雪豹等珍稀濒危动物受威胁的因素。另外，他还分析了鸟的迁徙与人类迁徙之间的关系以及人类图腾与所居住区域的动物之间的密切关系。

图 22　热烈的讨论现场

讲解结束后，不同学科的学者就不懂的问题进行了提问，并对植被、动物之间相生相克的关系以及人与植物、动物之间的相互影响关系进行了讨论，直到队长催促返回才散去。

考察结束后，大

图 23　科考队员全家福

家建议拍一张全家福。当李育教授喊出“第二次青藏高原祁连山关键区预科考”和大家接龙“圆满结束”时，甘肃广电总台的记者们为我们留下了这张值得永久回忆的照片。

返回的路上，我们又参观了兰州大学资源环境学院与甘肃连城国家级自然保护区管理局合力修建的科研实验基地。掩映在祁连圆柏和青海云杉中的基地为日后兰州大学学者和学子来此实地考察提供了方便。因此，当勾晓华院长和李育副院长提到要将此地作为多学科联合实习基地时，大家异常高兴。

图 24　兰州大学资源环境学院与甘肃连城国家级自然保护区管理局合力修建的科研实验基地

图 25　基地大楼对面的青海云杉和红桦

通过十天来对祁连山区的冰川、河流、地层、植被、沙漠、企业、少数民族的调查，我们对整个祁连山区生态环境的基本判断是，祁连山区近 300 年来的生态环境整体向好发展，这为祁连山生态重建奠定了科学基础。但祁连山区的生态环境并不代表祁连山区北部的河西走廊的生态环境，这里过多的人口与较少的自然资源的矛盾需要在时间上与空间上加以解决。因此，祁连山生态环境治理的重心不在祁连山腹地，而是在祁连山北部的河西走廊区域，这是我们本次科考得出的基本结论。

2018年
05月
14日
11

第十一天

吐鲁坪上好风光

科考第十一天，我们在连城国家级自然保护区管理局的会议室内召开了总结大会。勾晓华院长回顾了十天来的科考成果以及文理交流的合作成果后，感谢为此次科考给予无私帮助、支持与合作的甘肃省地矿局第四地质矿产勘查院、祁连山水源涵养林研究院、甘肃省连城国家级自然保护区管理局、甘肃省祁连山国家级自然保护区管理局的领导和同行，同时感谢中央电视台和甘肃广电总台电视新闻中心一路跟踪拍摄报道。李育副院长也提议感谢为此次科考做了大量后勤保障工作的兰州大学资源环境学院的各位青年学者和办公室工作人员以及司机师傅们。

图 1　第二次青藏高原祁连山关键区预科考总结大会现场

大家畅所欲言，共商日后跨学科合作与交流。如丁文广教授谈到了生态观与生态保护的关系以及有关祁连山生态治理绿皮书合作事宜。黄银洲老师因有课程而无法参加后面的行程及总结大会，但他一路用对讲机讲解的国家公园的知识很有价值。彭泽晨老师一路话语虽少，但一直与同学们一道采集和保护土样，协助年长老师录制节目。科考队其他学者也提出了跨学科合作与交流的意见和建议。

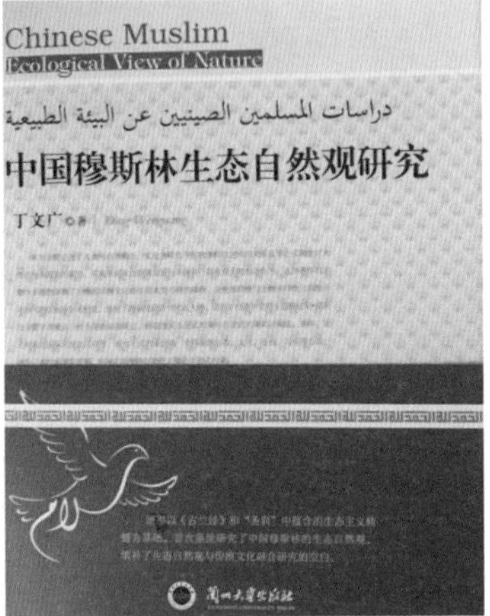

图2　丁文广教授和其著作《中国穆斯林生态自然观研究》

图3　与青年学子交谈的黄银洲老师（右一）

图4　青年教师彭泽晨老师在总结大会上发言

众所周知，兰州大学之所以能够进入“双一流”建设行列，是全体师生共同努力的结果。但由于兰州大学科研教学工作者只知耕耘而缺少宣传，再加上地处西北绿洲戈壁沙漠边缘，国内外对兰州大学科研教学工作的了解并不深入。此次由中央电视台和甘肃广电总台电视新闻中心从不同视角对兰州大学理、工、文、社不同学科的学者所取得的成果以及此次科考进行现场联合报道，不仅弥补了兰州大学宣传上的不足，而且提升了兰州大学在国内外的影响力。因此，我们特别感谢两家电视台的媒体工作者们。

图5　中央电视台记者张英（中）、摄像马凌峰（左）、司机孙爱祖（右）在肃南裕固族自治县大河乡草场合影

图 6　中央电视台记者张英和摄像马凌峰在祁连山冰沟录制节目

图 7　观看摄像机的小喇嘛

中央电视台的记者们无论是在零下的气候环境中，还是在大风肆虐的春季牧场，抑或是在冰雪未融的河谷地带，不仅要把科学家们的专业知识转化为普通老百姓能够明白的语言，而且要在恶劣的气候条件下保持优美的主持举止和笑容，这是不参与节目制作的人不可能理解的事情。但他们做到了。

看看他们留给科考队的照片，就能感受到在他们的心里，美时刻存在，只要有一双善于发现美的眼睛。

图 8　夏季的扁都口

甘肃广电总台电视新闻中心的记者们总是寻找与中央电视台不同的视角进行拍摄。在中央电视台记者因另接任务离开后，他们便承担起独

图 9　主任杨柱周、摄像张宜新、记者杨海芸、摄像王涛（自左向右）在达坂垭口合影

家报道第二次青藏高原祁连山关键区预科考的任务。一路上大家互帮互学，回到连城时，柱哥（主任杨柱周）、芸姐（记者杨海芸）、涛哥（摄像王涛）、宜哥（摄像张宜新）成为我们对四位新闻人的爱称。尽管我们团队中许多学者比他们年长。

图 10　柱哥在达坂垭口指点江山

图 11　芸姐在祁连山中漫步

图 12　涛哥在青海祁连县境拍摄雪景

图 13　宜哥在操控无人机

他们四人一路轮流开车，一到拍摄地点就精神百倍地投入采访和拍摄工作，他们幽默风趣、乐观豁达，灵活多变的工作方式值得我们这些科研工作者借鉴和学习。

他们一路上拍摄了无数令人惊叹的自然与人文景色的照片，美不胜收，值得我们永久保存。照片下方“柱周影像”表明了他们的版权，但我们还是拿来放在这里供大家欣赏。因为我们是一家人。

图 14　柱周影像

还有一张在祁连县拍摄的大雪压树的照片，不得不拿出来晒一晒。尽管没有标明版权，但也是他们的作品。

图 15 祁连山雪景

对于笔者来说，在兰州大学工作近 30 年，这是第一次参加理、工、文、社不同学科的综合科考。因此，当科考队回到刚察县城，眼看科考即将结束，又要回到繁忙的科研教学工作中时，心里感慨万千，感恩大家。走进藏传佛教寺院旁边的小店里，按照藏族同胞的习俗，买了一条黄色丝绸的哈达和一条白色丝绸的哈达，把这份心意送给科考队的组织者和实施者。在我们大家的心里，勾晓华院长和她的团队值得我们用心感谢。

图 16　晓华哭了，大家心里也哭了

还有默默为大家挑起后勤保障工作重担的两位老师陈永芝老师和崔霞博士，看看下面这两张照片，就知道她们是怎样随时随地为大家提供优质食宿及安全服务的。但她们从来不说一声累。

图 17　陈永芝老师和崔霞博士为我们联系住宿

图 18　崔霞博士在车上为大家预订吃饭的地方

找来找去，找到了一张陈永芝老师在冰沟河边的照片，笑容很灿烂。请大家记住这位贤妻良母式的女教师。

图 19　陈永芝老师在冰沟留影

还有我们的徒儿们。他们跟随在导师们的身边，除了在观测现场学习外，也担负起科研助手、后勤服务工作，经常在劳累了一天后还要在晚上加班写新闻稿，但他们无怨无悔。

图 20　勾晓华教授的博士生王振乾和青年教师彭泽晨接受甘肃广电总台记者采访

图 21　赵长明老师的三位学生在采土样（从左至右依次为博士生韩春、硕士生卢康隆、博士后陈宁）

图 22　笔者的博士生韩静茹像个贴心小棉袄

图 23　总结大会后的合影——“一个也不能少”

总结大会结束后，大家走出连城国家级自然保护区管理局，在台阶上留下了这张“一个也不能少”的“科考一家人”。

会后吃过午饭，我们便跟随勾晓华院长前往吐鲁坪（蒙语的汉译写法，也被写作土路坪）商议建立联合观测站事宜。“吐鲁”，蒙语，上好之意；“坪”，汉语，平地之意。从吐鲁坪这个地名中就可以看出蒙汉之间在语言上的融合。但要到达这个坪，就要上很陡的山。经过半个多小时的车程，我们便来到了山坳里，这里居住着几户人家。

图 24　前往吐鲁坪的山路

再往上行，就看到生长着各种树木的林子，树木的底部布满了灌木。有些树木被大风刮倒在地。

图 25　被大风刮倒的树木

能在离兰州 100 多公里的连城吐鲁坪看到这么茂密的森林，真为兰州高兴，更高兴的是勾晓华院长及其团队能将兰州大学的野外观测点设在这里。

图 26　山背面垂直分布的各种树木

到了山顶，果然有个坪。车辆可以在平坦的土路上行进。

图 27　坪在山顶上

这里也是连城国家级自然保护区管理局的管辖范围。由于植被分布状况良好，因此这里是研究人员研究植被、动物的理想观测点。

图 28　茂密的森林

走进林地，空气非常清新，阵阵松柏香味沁人心脾。队员们都说这里是进行多学科交叉研究的好地方。

图 29　吐鲁坪上的青海云杉林

图 30　吐鲁坪全景

站在坪地的边缘，放眼望去，树木成林，林连山脉。但因车辆无法通行，我们便徒步穿过林地，向观测台走去。

终于，我们到了兰州大学资源环境学院建立的植被观测台。勾晓华院长向大家介绍了这个观测台建立的过程及数据收集情况。

图 31　兰州大学资源环境学院的观测塔

图 32　大家共商如何建立联合观测台

这里不仅有生长良好的植被、生活其间的动物以及理想的降水观测点，还有居住在坪上但已经转变生计方式的人家。因此，不同学科学者就吐鲁坪建立联合观测站的具体地点、观测仪器配备等问题达成初步共识。

商议完毕，大家留下了科考的最后一张合影。

图 33　吐鲁坪观测塔下的合影

工作结束后，大家席地而坐，享受一下森林中清新的空气。

图 34　休息片刻

休息完毕，大家又根据不同学科观测点对地形、气候的要求四处观察，寻找建立联合观测站的具体位置。

图 35　不同学科学者商议建立联合观测站具体位置事宜

图 36　勾晓华院长在省直部门与中央党校调研组座谈会上做报告

商讨过后，我们沿着原路返回连城，与连城国家级自然保护区的同行告别后，便踏上了回兰州的旅程。一路上，看见大通河汇入湟水，湟水汇入黄河，又沿黄河北面的高速公路进入兰州。大家在大沙坪给车辆加油后，一一告别。科考正式结束。

科考结束后的第四天，勾晓华院长代表祁连山研究院向中央党校中青班汇报了此次科考的建议和意见，得到了相关部门的认同与赞赏。

此次科考，行程 4296 公里，四次穿越祁连山，进行了冰山、地层、河流、草地、植被、企业、少数民族等方面的科考，取得的成果如下。其一，为日后兰州大学祁连山综合科考奠定了良好的交流与合作平台。通过此次科考，理、工、文、社不同学科的学者以问题为导向，相互切磋，扬长避短，为日后科考奠定了人员、知识和技术基础。其二，向外界宣传了兰州大学近年来在多学科领域所做的研究工作，并与服务地方社会的宗旨结合起来。

期待下次祁连山科考早日到来！

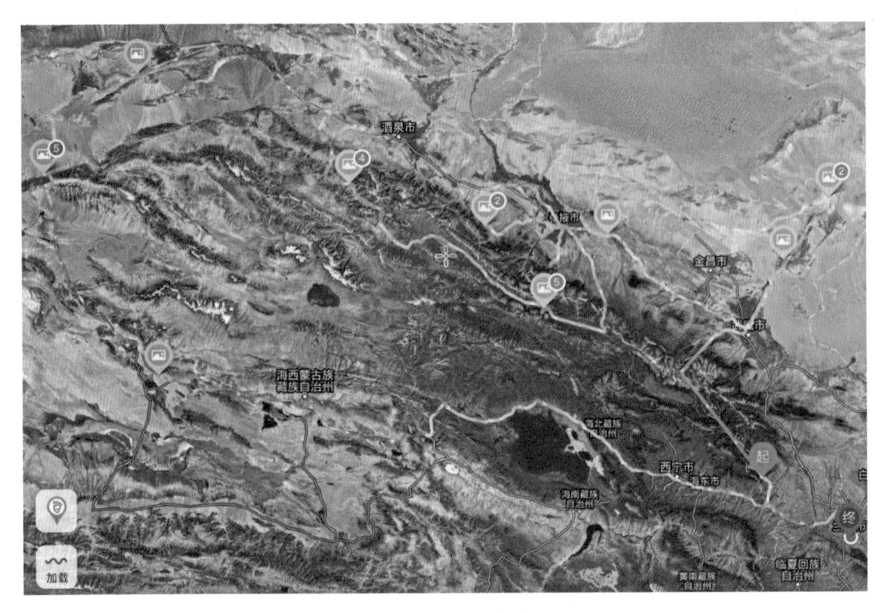

图 37　科考全程路线图

后 记

在阿尔泰语系蒙古语族语言中，天山、祁连山、贺兰山、阴山均发音为“qi an”，与汉语“祁连”“天”“千”等发音相似。因此有人认为《史记·匈奴列传》中记载的乌孙、月氏等活动于“祁连、敦煌”间的“祁连”应该是新疆境内南北疆的分界山——天山。只有这样，才能解释乌孙、月氏等古代民族迁徙的方向。虽然这只是语言方面对“祁连”的争论，也反映出中国地名由粗略到精细的发展过程，但现在以“祁连”命名且得到认同的山脉就是指坐落于甘肃和青海两省之间的祁连山。

由于祁连山四分之三的区域属于甘肃省管辖（四分之一属于青海），兰州大学又坐落在甘肃省，出于服务地方社会经济发展的考虑，兰州大学在祁连山的历史、考古、民族、经济、管理、文学、社会、艺术等方面均产出了大量的研究成果，有些成果已经转化为地方社会发展的理念、知识与文化资源。

但兰州大学有关祁连山的人文研究成果并不仅仅局限于祁连山区。这是因为，虽然从地理范围来说，祁连山是对东起乌鞘岭、西至阿尔金山、北到甘肃省河西走廊、南接青海省海北藏族自治州和海西蒙古族藏族自治州之间的山脉的界定，但由于从祁连山南部、东部、北部、西部流出的多条河流是青海省海北藏族自治州、海西蒙古族藏族自治州以及甘肃省河西走廊各民族、各职业民众赖以生存的水源，因此兰州大学有关祁连山的人文研究范围及成果自然延伸至祁连山北部的甘肃省河西走廊以及祁连山南部的青海省海北藏族自治州和海西蒙古族藏族自治州。总体来说，兰州大学有关祁连山的人文研究成果集中在两个方面：一是对河西走廊的人文研究，主要集中在考古、历史、文学、经济、社会、人文地理、艺术等方面；二是对祁连山区少数民族的历史、文化变迁及移民的研究。从研究成果的分布情况来看，河西走廊的人文研究成果多，祁连山的人文研究成果少。再加上祁连山和河西走廊东中部人口密度大于西部，因此祁连山东中部的人文研究成果相对较多，而西部的人文研究成果相对较少。

在河西走廊的人文研究成果中，历史、考古研究成果最为丰富。这是因为河西走廊在中国统一时期是中国向西开放并与中亚、欧洲建立联系的通道，在战乱时期则是内地移民的迁入地，因此这里在《史记》《清史稿》等中的记载颇多，研究成果涉及纪、传、世家、书、食货、地理、人物等。从民国时期的顾颉刚、史念海到中华人民共和国成立后来兰州大学任教的赵俪生等先辈历史学家均有这方面的研究成果。齐陈骏教授的《河西史研究》系统地研究了河西走廊区域的历史发展脉络。郑炳林教授则在此基础上将其发扬光大为敦煌学，并彻底改变了“敦煌在国内，敦煌学在国外”的学术局面。有关河西走廊的屯田、罗马人后裔、骆驼城、居延泽、黑水城等历史、考古研究及文化遗产也产出了一系列成果。经济、管理领域在河西走廊县域经济、公共文化服务体系、政府绩效、企业管理等方面也产出了丰硕的成果；社会学领域对玉门石油逐渐枯竭后的玉门老城、武威石羊河流域的人口进行了追踪研究；文学领域产出了一系列歌颂祁连山及河西走廊（包括阳关、玉门关）的诗歌、小说、散文和地方性民间文学作品；法学领域主要产出了一些少数民族习惯法与现代法律体系相结合的作品；新闻领域发表或出版了一系列舆情预警及对外宣传方面的作品；艺术体育领域则产出了一些河西走廊民间艺术及少数民族传统体育、音乐、绘画、舞蹈等方面的优秀作品。

在祁连山的人文研究成果中，民族研究的成果最为丰富。这主要源于自古以来祁连山适宜游牧民族放牧，现在这里也是少数民族聚居区。如祁连山北坡有甘肃省的天祝藏族自治县、肃南裕固族自治县、肃北蒙古族自治县、阿克塞哈萨克族自治县，祁连山南坡有青海省海北藏族自治州、海西蒙古族藏族自治州，祁连山东部则有青海省互助土族自治县。除此之外，在河西走廊的一些县中，还迁来了东乡族、回族等居民。因此，民族研究成果主要集中在少数民族历史、少数民族社会文化变迁及移民方面。有关少数民族历史方面的研究，以杨建新教授、马曼丽教授为集大成者，王希隆教授、武沐教授、王力教授等将其发扬光大。他们在丝绸之路、西北少数民族史、古西行记、中俄关系史等作品中均有大量对祁连山古代民族月氏、乌孙、匈奴、鲜卑、吐谷浑、回鹘、突厥等方面的研究。少数民族社会文化变迁方面的研究则涉及现代祁连山区的各个民族，如青海海北祁连县阿柔部落文化变迁、海西蒙古族藏族民族关系演变、海东地区互助县土族民间信仰及民族关系、天祝藏族村落、肃南裕固族生态移民、肃北蒙古族戍边、阿克塞哈萨克族迁徙与定居、玉门小金湾、山丹县城东东乡族生计及文化研究等。在移民研究中，还有一种移民——内地汉族移民。历史上祁连山与河西走廊是内地汉族人躲避战乱的地方，因而成为战乱时期汉人迁入之地，也是汉文化的保存区域。现代祁连山与河西走廊则是内地人口众多省份的迁徙区域，但由于祁连山和河西走廊的人口承载力有限，因此这里又成为内地汉族人迁往新疆的中转站。这些汉族移民，也是兰州大学的研究对象。

随着祁连山生态保护与治理工程的实施，兰州大学将持续关注祁连山的人文研究，产出服务地方社会经济文化发展的优秀成果。本书则以兰州大学祁连山研究院第二次青藏高原祁连山段综合科考为基础，力图以通俗的语言，讲述此次科考中的自然与人文知识，为大众了解和认识祁连山提供服务，也为日后兰州大学开展文理结合、学科交叉的祁连山科考奠定人文基础。

最后，感谢所有科考队员为此次科考做出的贡献，感谢祁连山研究院为本书出版提供的经费资助。

徐黎丽于兰州大学一分部衡山堂

2018 年 7 月 13 日

图书在版编目（CIP）数据

祁连行 / 徐黎丽，韩静茹著．-- 北京：社会科学文献出版社，2018.9
ISBN 978-7-5201-3419-4

Ⅰ．①祁… Ⅱ．①徐… ②韩… Ⅲ．①祁连山－科学考察－考察报告 Ⅳ．① S759.992.42

中国版本图书馆 CIP 数据核字（2018）第 209844 号

祁连行

著 者 / 徐黎丽 韩静茹

出 版 人 / 谢寿光
项目统筹 / 周 丽 高 雁
责任编辑 / 冯咏梅

出 版 / 社会科学文献出版社 · 经济与管理分社（010）59367226
地址：北京市北三环中路甲 29 号院华龙大厦 邮编：100029
网址：http://www.ssap.com.cn
发 行 / 市场营销中心（010）59367081 59367018
印 装 / 三河市东方印刷有限公司

规 格 / 开 本：787mm × 1092mm 1/16
印 张：13.25 字 数：170 千字
版 次 / 2018 年 9 月第 1 版 2018 年 9 月第 1 次印刷
书 号 / ISBN 978-7-5201-3419-4
定 价 / 148.00 元